U0845241

普通高等教育公共基础课系列教材·计算机类
湖北高校一流本科课程配套教材

计算机应用基础实验指导与习题集

（第五版）

主　编　李明倩　谭新兴
副主编　杨　斌　熊爱明
主　审　聂玉峰

科 学 出 版 社
北　京

内 容 简 介

本书是与《计算机应用基础（第五版）》（聂玉峰、邓娟、周冰主编，科学出版社出版）配套使用的实验指导与习题集。全书分为两部分：第一部分为实验指导，由12个实验组成，实验内容与课堂教学紧密结合，与主教材在内容上形成互补，给出了详细的实验步骤，非常适合学生自学；第二部分为习题，与主教材各章内容相对应，供学生课后练习使用。

本书既可作为应用型本科及高职高专计算机公共基础课的实验指导用书，也可作为各类培训机构计算机基础知识培训的实验指导用书，还可作为全国计算机等级考试一级 MS Office 培训的实验指导用书。

图书在版编目(CIP)数据

计算机应用基础实验指导与习题集/李明倩，谭新兴主编. —5版. —北京：科学出版社，2023.8

普通高等教育公共基础课系列教材 • 计算机类

ISBN 978-7-03-075435-6

Ⅰ. ①计… Ⅱ. ①李… ②谭… Ⅲ. ①电子计算机-高等学校-教学参考资料 Ⅳ. ①TP3

中国国家版本馆 CIP 数据核字（2023）第 082101 号

责任编辑：韩 东 戴 薇 / 责任校对：王万红
责任印制：吕春珉 / 封面设计：东方人华平面设计部

科学出版社 出版
北京东黄城根北街 16 号
邮政编码：100717
http://www.sciencep.com

廊坊市都印印刷有限公司 印刷
科学出版社发行 各地新华书店经销
*
2012 年 8 月第 一 版 2023 年 8 月第 五 版
2014 年 8 月第 二 版 2024 年 8 月第二十四次印刷
2018 年 8 月第 三 版 开本：787×1092 1/16
2022 年 8 月第 四 版 印张：14 1/4
字数：337 000

定价：48.00 元

（如有印装质量问题，我社负责调换）

销售部电话 010-62136230 编辑部电话 010-62135319-2030

版权所有，侵权必究

第五版前言

教育是国之大计、党之大计，教育、科技、人才是全面建设社会主义现代化国家的基础性、战略性支撑。全面建设社会主义现代化国家，必须坚持科技是第一生产力、人才是第一资源、创新是第一动力，深入实施科教兴国战略、人才强国战略、创新驱动发展战略。高等教育人才培养要树立质量意识、抓好质量建设、全面提高人才自主培养质量。

上机实验一直是计算机基础教学的薄弱环节，尽管目前计算机的普及率很高，学生接触和使用计算机的机会很多，但大多不具备针对性和系统性。为了进一步适应人才培养的新形势，加速教育数字化，推动计算机教育的变革和创新，满足应用型本科及高职高专各类专业学生对计算机基础知识与基本操作的需要，编者编写了与《计算机应用基础（第五版）》（聂玉峰、邓娟、周冰主编，科学出版社出版）配套的实验教材，通过大量的实验范例，循序渐进地介绍了 Windows 10 的基本操作、文档的编辑和格式化、工作表的编辑和格式化、演示文稿的制作、Internet 应用及常用软件的使用，旨在帮助学生加深对教材内容的理解，培养学生的动手能力。

本书分为两部分：第一部分为实验指导，共 12 个实验，配合主教材的各章内容，以操作步骤为重点，强调实用性和可操作性，每个实验均包括实验目的、知识要点、实验内容及步骤 3 个板块，学生可先按照指导步骤实际操作，然后脱离指导独立完成实验内容，并举一反三；第二部分为习题，本部分习题与《计算机应用基础（第五版）》各章内容相对应，并附有参考答案，以便学生对主教材各章节基础知识的掌握程度进行自我测试。通过理论学习和实践操作，学生可以理解和体会用计算机解决问题的方式和方法。

本书附录给出了全国计算机等级考试一级 MS Office 考试大纲和本书第二部分习题的答案。

本书的实验素材可以从科学出版社职教出版中心网站 www.abook.cn 下载，也可通过 E-mail（562185706@qq.com）与编者联系获取。

本书由李明倩、谭新兴担任主编，杨斌、熊爱明担任副主编。具体编写分工如下：第一部分的实验一、实验二由杨斌编写，实验三～实验七由李明倩编写，实验八～实验十由谭新兴编写，实验十一、实验十二由熊爱明编写；第二部分由李明倩和谭新兴整理。全书由聂玉峰主审。

在本书编写过程中，余正红、周凤丽、朱倩、李欣、余红珍、杨艳霞、刘永真、李雪燕、黄丽、石松芳等老师提出了许多宝贵意见，在此表示衷心感谢。

由于编者水平有限，书中难免存在不妥和疏漏之处，恳请广大读者批评指正。

编　者

2023 年 2 月

第一版前言

上机实验一直是计算机基础教学的薄弱环节。虽然目前计算机的普及率很高，读者接触、使用计算机的机会很多，但大多缺乏针对性和系统性，与计算机基础教学联系不紧密。计算机基础是学习计算机的一门基础课，其主要内容就是介绍计算机的基础知识与基本操作。本书作为《计算机应用基础》（聂玉峰、余正红、朱倩主编，科学出版社出版）的配套教材，通过大量的实验范例，循序渐进地介绍了 Windows XP 的基本操作、文档的编辑和格式化、工作表的编辑和格式化、演示文稿的制作、Internet 应用、图像的基本处理方法及常用软件的使用，旨在帮助读者加深对教材内容的理解，培养读者的动手能力。

全书分为两部分：第一部分为实验指导，共编写了 11 个实验，配合《计算机应用基础》的各章内容，以操作步骤为重点，强调实用性和可操作性，每个实验都包括了实验目的和实验内容及步骤，读者可先按照指导步骤实际操作，然后脱离指导，从而独立完成实验内容，并举一反三；第二部分是习题，本部分与《计算机应用基础》各章内容相对应，并附有参考答案，便于读者对《计算机应用基础》各章节内容的要点、概念、基础知识的掌握程度进行自我测试，通过理论学习和实践操作理解和体会用计算机解决问题的方式和方法。

本书适合作为应用型本科及高职高专学生计算机公共基础课的实验指导书，也可作为计算机基础知识培训及全国计算机一级考试培训的实验指导教材（《全国计算机等级考试一级考试大纲》见附录 A）。

本书由聂玉峰、李聪、黄丽担任主编，李毕祥、石义良、石松芳、胡媛荣、孙思、陈艳红担任副主编。在本书的编写过程中，郭冀生、代炽伯、罗传萍、高兴、刘芳、于海平、刘永真、江伟、李雪燕、曾志华等老师提出了许多宝贵意见，在此表示衷心的感谢。

由于编者水平和时间有限，书中难免有疏漏和不足之处，恳请各位专家和读者批评指正。

编　者

2012 年 4 月

目　录

第一部分　实验指导

第二部分　习　　题

第一部分　实验指导

实验一　计算机基本操作

实验目的

1．了解微型计算机系统的组成。

2．掌握微型计算机的开机和关机方法。

3．熟悉微型计算机的硬件配置和软件配置情况。

4．熟悉英文输入和汉字输入的指法。

知识要点

1．微型计算机的配置

微型计算机从外观来看，分为主机和外部设备（简称外设）两部分。微型计算机的主要硬件集中在主机上。主机的外观千差万别，但每台主机的面板上都有电源开关、电源指示灯、硬盘指示灯、USB 接口等。常用的外设主要有显示器、键盘、鼠标，根据用户的需要，还可配置打印机、音箱、耳机、调制解调器等。

操作系统是每台计算机必备的系统软件，微型计算机主要配置 Windows 操作系统 macOS、Linux 操作系统等。根据用户的需要，还可配置多种语言处理程序、数据库管理系统和一些常用工具软件等。

2．加电启动计算机

计算机加电启动时，应遵循“先启动外部设备，再启动主机”的原则，也就是先打开显示器等外设的电源开关（一般外设有电源指示灯，如果电源指示灯是暗的，说明外设电源未打开），再按下主机上的电源按钮。微型计算机系统首先会执行一系列自检程序，以检测系统硬件的完好性。如果发现问题，则给出错误信息；如果测试成功，则系统将正常启动。

3．重新启动计算机

当安装新软件或者更新软件之后，一般系统会要求重新启动计算机，以便将注册信息写入系统。重新启动计算机的方法是选择“开始”→“关机”→“重新启动”命令。

如果因为系统内部程序运行出错，导致计算机卡死，不能响应键盘或鼠标，则不能通过“开始”菜单重新启动计算机。这时，可右击任务栏上的空白区域，在弹出的快捷菜单中选择“任务管理器”命令，或者按【Ctrl+Shift+Esc】组合键，打开 Windows 任务管理器，在“进程”选项卡中选定无响应的程序，单击“结束任务”按钮重新启动计算机。

4. 关机

关机应遵循“先关闭主机，再关闭外部设备”的原则。应先关闭所有应用程序，然后选择“开始”→“关机”命令。这时，系统会先检查是否还有任务未结束，若有，则会自动结束该任务，然后保存用户个人设置，关闭主机电源。

注意：微型计算机在运行过程中，不要随意搬动，不要随意插拔各种外设接口卡，也不要频繁开关机。如果需要立即重新启动计算机，一般应在关机 1 分钟后再进行。

5. 键盘

计算机的键盘是用户向计算机输入信息和控制计算机操作的主要输入设备。键盘主要由以下 6 部分组成。

（1）功能键区

功能键区位于键盘的上方，键上标有 F1～F12，这些功能键的功能由软件决定。对于不同的软件，功能键可以有不同的功能，还可根据用户的需要设置成常用命令或字符串的代用键。

（2）打字键区

打字键区位于键盘的左侧，共有 61 个键，类似英文打字机的标准键盘，主要用来输入字母、数字和符号。其中，包括英文字母键 26 个，数字键 10 个，符号键 32 个。

1）【Enter】键——回车键。键盘输入在按该键后才被计算机确认执行。

2）【Shift】键——上档键。该键有两个，主要用来实现大小写字母转换或输入符号。该键必须与其他键组合才能发挥作用。例如，按【5】键，输入数字“5”；按【Shift+5】组合键（按住【Shift】键不放，再按【5】键），输入“%”。又如，按【A】键，输入小写字母“a”；按【Shift+A】组合键，输入大写字母“A”。

3）【Ctrl】键——控制键。该键有两个，必须与其他键组合才会发挥特殊作用。例如，按【Ctrl+S】组合键，可暂停屏幕数据的滚动；按【Ctrl+Pause】组合键，可使屏幕显示中断；按【Ctrl+P】组合键，可使屏幕显示的数据由打印机打印输出。

4）【Alt】键——转换键。该键有两个，必须与其他键组合才会发挥作用。在中文操作系统状态下，【Alt】键有其独特的用途。

5）【Caps Lock】键——大/小写字母转换键。当计算机启动后，各字母键均处于小写状态，此时状态区的 Caps Lock 指示灯不亮。若再按一次该键，各字母键均处于大写状态，此时 Caps Lock 指示灯亮，再按一次该键，则又恢复到小写状态。

6）【Backspace】键——退格键。按一次该键，光标向左退一格，并删除当前位置的字符。

7）【Space】键——空格键。它是键盘上最长的一个键，每按一次该键，光标右移，同时得到一个空格。

8）【Tab】键——制表定位键。每按一次该键，光标移动 8 个字符位。

9）【Esc】键——退出键。在大部分软件操作中，该键用于取消、返回上层等操作。

（3）编辑键区

编辑键区位于打字键字符区的右侧，共有 10 个键，分为 4 个光标移动键和 6 个编辑键。4 个光标移动键分别为【↑】、【↓】、【←】和【→】键，每按一次，光标就分别往上、下方向移动一行，或往左、右方向移动一个字符位。6 个编辑键的功能分别如下。

1）【Home】键——光标移至屏幕左上角。

2）【End】键——光标移至所在行的最后一个字符。

3）【Page Up】键——屏幕显示向上翻页。

4）【Page Down】键——屏幕显示向下翻页。

5）【Insert】键——在光标处可插入字符。

6）【Delete】键——在光标处删除一个字符。

（4）专用键区

专用键区位于编辑键区的上方，共有 3 个键。

1）【Print Screen】键——截取屏幕键。

2）【Scroll Lock】键——滚动锁定键。

3）【Pause】键——暂停键。

（5）数字和编辑键区

数字和编辑键区位于键盘的右下角，共有 17 个键，主要用于快速输入数值类型的数据，同时还具有编辑功能。此键区左上方的【Num Lock】键用于控制数字键的工作状态。若其处于编辑功能状态，按一次【Num Lock】键，则转换为数字键功能状态；再按一次该键，又会回到编辑功能状态。

（6）状态区

状态区位于键盘的右上角，共有 3 个指示灯，分别反映其各自对应键的状态。

实验内容及步骤

1. 启动系统

打开显示器电源开关，然后按下主机上的电源按钮即可开机并启动 Windows 10 操作系统，系统会自动加载一些设置。

2. 查看微型计算机的硬件配置

查看微型计算机硬件配置的操作步骤如下。

1）在桌面上右击“此电脑”图标，在弹出的快捷菜单中选择“属性”命令，打开“系统”窗口，如图 1.1 所示。

2）单击“设备管理器”超链接，打开“设备管理器”窗口，在其中可以了解硬件的型号信息，如图 1.2 所示。

图 1.1 “系统”窗口

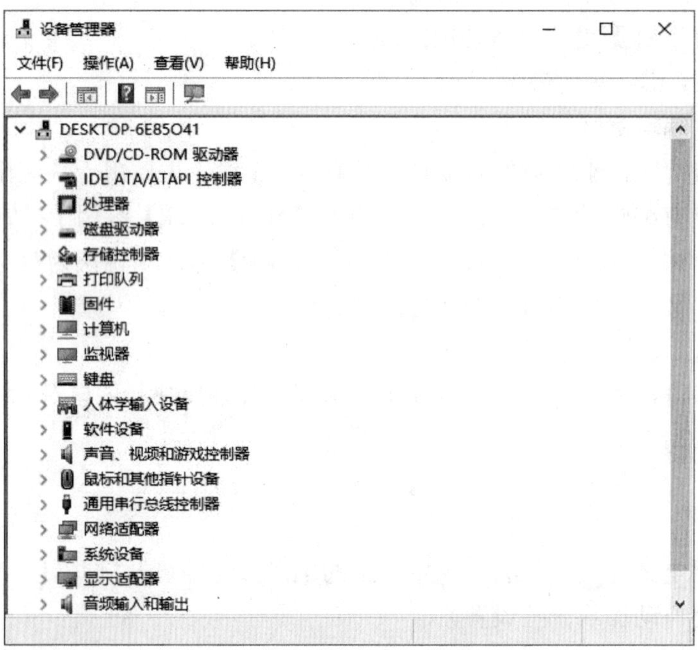

图 1.2 “设备管理器”窗口

3）查看本地计算机硬件的具体配置情况，并将其填入表 1.1。

表 1.1 计算机硬件的具体配置情况登记表（部分）

硬件	型号规格
处理器	
内存	

续表

硬件	型号规格
磁盘驱动器	
网络适配器	
显示适配器	
键盘	
鼠标	

3. 了解微型计算机中的常用软件

了解微型计算机中常用软件的操作步骤如下。

1）单击桌面左下角的 Windows 图标■，或按键盘上的 Windows 徽标键，即可打开“开始”菜单，在其应用列表中列出了本地计算机中已安装的程序，这些都是指向可执行程序的快捷方式。

2）查看本地计算机中安装了哪些常用软件，并填入表 1.2。

表 1.2　计算机中安装的常用软件列表

软件项目	软件功能	软件名称
操作系统	管理计算机的各种软硬件资源，并提供友好的用户界面	
杀毒软件	查、杀计算机中的病毒	
压缩/解压缩软件	对文件或文件夹进行压缩，以减小存储空间，并可以解压缩还原文件或文件夹，以便进行编辑	
多媒体制作软件	制作二维或三维图形等多媒体信息的工具	
语言处理程序	供软件开发人员编写应用程序	
数据库管理系统	供软件开发人员使用数据库，管理数据库信息	
网页制作软件	制作网站、网页的工具	
办公自动化软件	实现无纸化办公的工具	
音频/视频软件	制作、播放声音、动画等音频/视频的工具	

4. 汉字输入练习

汉字输入的具体操作步骤如下。

1）选择“开始”→“Windows 附件”→“写字板”命令，打开写字板编辑窗口。

2）在任务栏右侧提示区单击输入法指示器，选择一种输入法，如图 1.3 所示。例如，选择搜狗拼音输入法，打开其输入法状态栏，如图 1.4 所示。

3）在“输入法状态栏”中可以进行如下切换。

① 单击“中/英文切换”按钮，可以在中文、英文输入法之间进行切换。

② 单击“全角/半角切换”按钮，可以在全角、半角输入状态之间进行切换。

③ 单击“中/英文标点切换”按钮，可切换中文、英文标点符号。

④ 单击“软键盘”按钮，可打开或关闭软键盘。Windows 提供了 14 种软键盘供用户使用。右击“软键盘”按钮，可弹出所有软键盘快捷菜单，选择其中的命令将显示对

应的软键盘。单击其中的符号，可快速输入对应的符号。

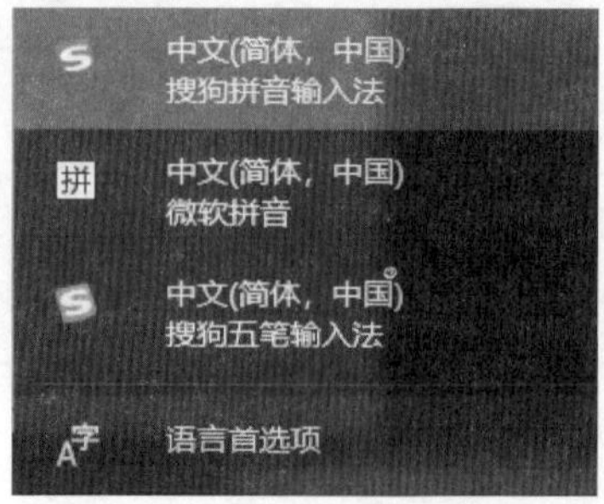

图 1.3　选择中文输入法

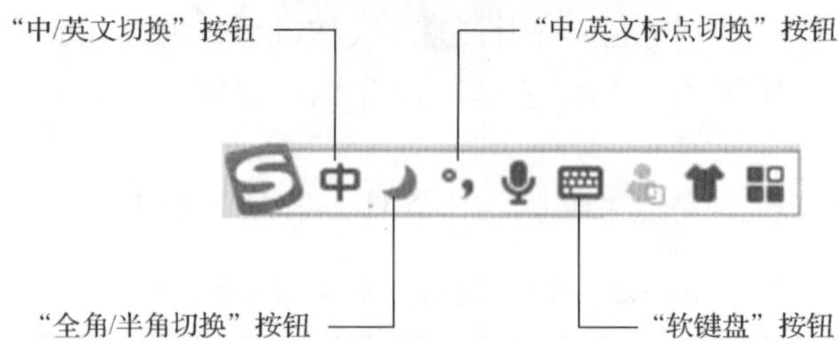

图 1.4　输入法状态栏

4）键盘操作的方法如下。

① 按【Ctrl+Space】组合键，可以在中文、英文输入法之间进行转换。

② 按【Ctrl+Shift】组合键，可以在各种输入法之间进行切换。

③ 按【Shift+Space】组合键，可以在全角/半角输入状态之间进行转换。

5）在中文标点状态下，从键盘输入的符号与中文标点的对应关系如表 1.3 所示。

表 1.3　中文标点与对应键

名称	中文标点	对应键	名称	中文标点	对应键
顿号	、	\	左书名号	《	<
人民币	￥	$	右书名号	》	>
左括号	（	(	分号	；	;
右括号	）	)	省略号	……	^
句号	。	.	破折号	——	_(下画线)
单引号	‘’	'	问号	？	?
双引号	“”	"	冒号	：	:

6）在写字板编辑窗口中输入以下一段文字。

东湖风景区

武汉东湖风景区位于湖北省武汉市中心城区，是国内著名的风景游览胜地，全国文明风景旅游示范区，首批国家重点风景名胜区之一，与杭州西湖同为国内主要的观赏性淡水湖泊之一，在我国历史文化和风景名胜中具有重要地位，景区面积约 73 平方千米，其中湖面面积约 33 平方千米，是我国最大的城中湖。东湖湖岸曲折，港汊交错，素有九十九湾之说。秀美的湖光山色，景观别致，风光迷人。湖水镜映，山体如屏，山色如画。

听涛景区：该区位于东湖西北岸，建有以纪念爱国诗人屈原为主题的景点群，以及沙滩浴场，是夏季人们纳凉避暑、戏水休憩的好去处。景区中的主要风景旅游点有行吟阁、长天楼、九女墩纪念碑、湖光阁、寓言雕塑园、碧塘观鱼等。

磨山景区：该区三面环水，六峰相连，山水相依，素有“十里长湖，八里磨山”之称，风景极佳。山北有以楚文化为内涵的楚文化游览区；山南有以湖水地区乡土植物为主的十三个植物专类园；西部山顶依次建有楚天极目、天台晨曦、常春花苑，以及为纪念朱德为东湖题词的朱碑亭等。

落雁景区：该区有清河古桥、鹊桥相会、雁洲索桥、芦洲古渡、赵氏花园、古树奇观、雁栖坪沙、芦洲落雁等八大景观。景区由四个伸向水中的半岛组成，该景区植被茂盛、风动林涛、港汊交错、水鸟众多，得天独厚的自然风光造就了它秀美的生态环境和景观。

吹笛景区：该区位于东湖风景区东南部，共有 17 座山林。迂回起伏的山形地貌，丰富的森林植被，使公园自然风光秀丽幽雅，放眼望去，苍山横翠，层峦叠嶂，美不胜收；清新秀丽的田园风光，尽收眼底；清新的空气，美好的风景令人神清气爽，流连忘返。

7）保存文件。选择“文件”→“保存”命令，弹出“保存为”对话框，如图 1.5 所示。在“文件名”文本框中输入“练习一”，单击“保存”按钮保存文件。

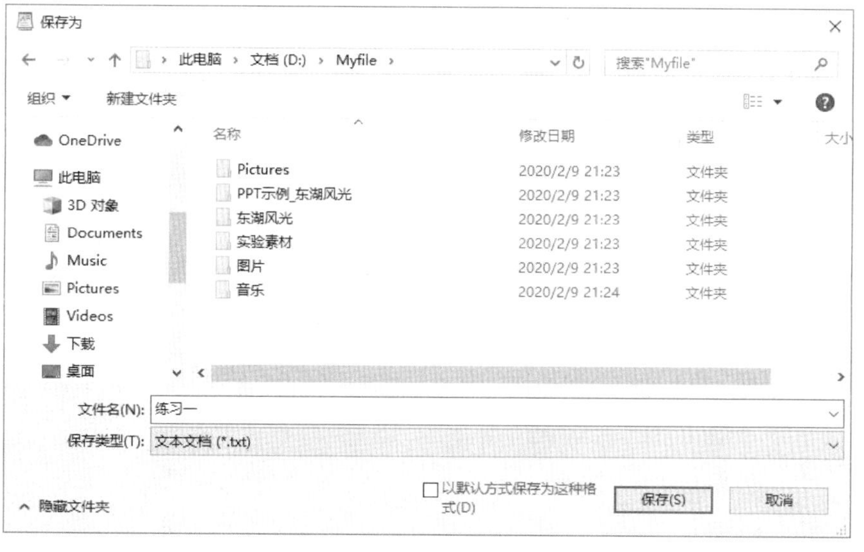

图 1.5　“保存为”对话框

5．使用“金山打字”软件练习汉字输入

双击桌面“金山打字”快捷方式图标（已经安装了“金山打字”软件），进入“金山打字”练习软件，根据实际情况选择难易等级练习指法及汉字输入。

6. 关机

关机的操作步骤如下。

1）关闭所有的应用程序。

2）选择“开始”→“关机”命令。

3）稍等片刻，待系统关闭后，关闭显示器电源。

实验二　Windows 10 基本操作

实验目的

1．熟悉 Windows 10 桌面。
2．掌握“开始”菜单的使用。
3．掌握任务栏的使用和设置方法。
4．掌握桌面主题的设置方法。
5．掌握 Windows 10 窗口的基本操作。
6．掌握“文件资源管理器”的使用方法。
7．掌握 Windows 10 的文件管理功能。
8．掌握快捷方式的创建方法。
9．掌握附件中常用程序的使用方法。

知识要点

1．Windows 10 桌面

Windows 10 桌面由桌面上的图标、“开始”按钮和任务栏组成。

（1）桌面上的图标

Windows 10 桌面上的图标默认设置在桌面左侧，由于各种计算机安装的软件和用户的设置不同，桌面所显示的图标也有所不同。

（2）“开始”按钮

“开始”按钮位于桌面的左下角。单击“开始”按钮即可打开“开始”菜单。

使用“开始”菜单可以进行启动应用程序、打开文档、完成系统设置、联机帮助、查找文件、退出系统等操作。

（3）任务栏

任务栏位于 Windows 10 桌面底部，用于显示当前用户所运行的程序名称和图标等信息。使用任务栏可以在多个应用程序之间进行切换。用户可以对任务栏进行移动、调整和设置等操作。

2．Windows 10 窗口

Windows 10 窗口一般包含快速访问工具栏、标题栏、菜单栏、控制按钮区、地址栏、搜索框、导航窗格、工作区、状态栏、视图按钮等。下面简要介绍 Windows 10 中的菜单和对话框。

（1）菜单

Windows 10 的菜单有 3 种形式：系统菜单、下拉菜单和弹出菜单。菜单是一个应用程序的命令集合。虽然用鼠标和键盘都可以对菜单进行操作，但是使用鼠标更为方便和快捷。

（2）对话框

对话框是 Windows 中应用程序获取用户信息或使用用户进行选择的一种简单窗口界面。对话框有一些统一的选项和相同的操作。对话框的选项有命令按钮、文本框、列表框、下拉列表、单选按钮、复选框等形式。对话框与窗口很相似，也有标题栏、“关闭”按钮，是一种特殊的窗口。对话框可以移动，但不能改变大小，也没有菜单栏。

3. 文件资源管理器

“文件资源管理器”是 Windows 操作系统提供的资源管理工具，可以通过“文件资源管理器”查看计算机上的所有资源，完成对文件的多种操作。

“文件资源管理器”工作窗口分为左、右两个窗格：左侧是列表区，右侧是“目录栏”窗格，用于显示当前文件夹下的子文件夹或文件目录列表，使用户能够清晰、直观地对计算机上所有的文件和文件夹进行管理。

4. 文件和文件夹的操作

一个文件夹窗口可显示该文件夹包括的所有文件和文件夹。在该窗口可以完成文件和文件夹的各种操作，如打开、复制、重命名、删除文件或文件夹，打印文件、创建文件快捷方式等。文件夹窗口不但可以显示本地计算机资源，还可以在地址栏中输入网址，以浏览网络资源。

在 Windows 10 中，启动“文件资源管理器”或打开“此电脑”窗口，都可以看到计算机中的各种资源，如硬盘驱动器、CD-ROM 驱动器、打印机、控制面板等。利用“文件资源管理器”或“此电脑”窗口，可以对文件及文件夹进行创建、移动、复制等操作。

5. 快捷方式

快捷方式是操作对象的快捷工具。一个快捷方式文件对应一个应用程序、一个文档或一个设备（如打印机），快捷方式图标的右下角有一个曲线箭头，双击该快捷方式图标可启动对应的应用程序、文档或设备。

6. 启动应用程序

Windows 操作系统提供了多种方法用于启动应用程序。

1）使用“开始”菜单启动应用程序。

2）使用快捷方式启动应用程序。

3）双击应用程序图标启动应用程序。

4）使用搜索功能启动应用程序。

5）选择“运行”命令启动应用程序。

7. 退出应用程序

退出应用程序有如下几种方法。

1）选择“文件”→“关闭”命令。

2）按【Alt+F4】组合键。

3）单击应用程序窗口右上角的“关闭”按钮。

4）按【Ctrl+Shift+Esc】组合键，打开 Windows 任务管理器，强行关闭不响应的程序。

实验内容及步骤

1. Windows 10 桌面

（1）启动 Windows 10 操作系统后观察桌面

通常，实验室的计算机将 Windows 10 操作系统作为直接开机启动系统。因此，Windows 10 操作系统的启动与开启计算机的操作过程相同。进入 Windows 10 操作系统后，观察 Windows 10 桌面，了解桌面的组成。

（2）排列桌面上的图标

1）取消桌面上的图标自动排列功能。右击桌面空白处，在弹出的快捷菜单中选择“查看”→“自动排列图标”命令，取消该项前的“√”标志。

2）分别拖动“此电脑”和“回收站”图标到桌面其他位置。

3）在桌面快捷菜单的“查看”级联菜单中，分别设置桌面图标用大、中、小图标显示，观察其显示效果。

4）排列桌面上的图标。右击桌面空白处，在弹出的快捷菜单中选择“排序方式”命令，如图 2.1 所示。在其级联菜单中，分别选择“名称”“大小”“项目类型”“修改日期”命令，观察桌面上的图标按要求重新排列的结果。

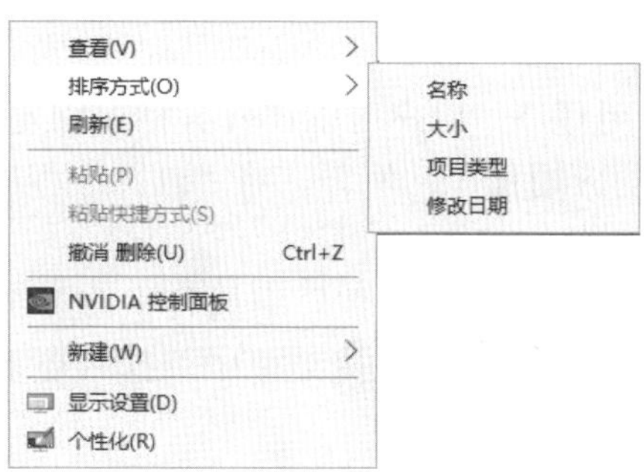

图 2.1　“排序方式”菜单

（3）“开始”菜单的操作

单击位于桌面左下角的“开始”按钮，打开“开始”菜单。

1）“开始”菜单左侧是按照字母索引排序的可执行程序列表，用于启动程序。例如，启动“画图”程序的操作过程如下：选择“开始”→“Windows 附件”→“画图”命令。

2）单击“开始”菜单右侧的动态磁贴即可打开应用程序。

3）按【Windows+R】组合键，弹出“运行”对话框，输入命令行来启动相应程序。例如，在“运行”对话框中输入“wordpad”，单击“确定”按钮，即可启动“写字板”

程序。

4）在“开始”屏幕中添加应用程序。在计算机中寻找要添加到“开始”屏幕中的对象图标（自定义），然后右击，在弹出的快捷菜单中选择“固定到开始屏幕”命令，查看“开始”屏幕，已添加了选定的应用程序图标。

5）删除“开始”屏幕中的应用程序。右击“开始”屏幕中需要删除的应用程序，在弹出的快捷菜单中选择“从开始屏幕取消固定”命令，则该程序即从“开始”屏幕消失。

（4）任务栏的使用和设置

1）任务栏的切换。Windows 10 操作系统具有多任务处理功能，可以同时打开多个窗口，运行多个应用程序。

① 在桌面上依次双击“此电脑”和“回收站”图标，并分别打开“D:\计算机应用基础实验素材\实验三”文件夹中的“W1.docx”和“W2.docx”文件，“D:\计算机应用基础实验素材\实验五”文件夹中的 Excel.xlsx 文件和一个画图程序，观察任务栏按钮区任务按钮的形态，并观察窗口的预览效果。

按上述要求打开相应文件和文件夹后，任务栏按钮区任务按钮的形态如图 2.2 所示。其中，呈平面形态的“Ps”和搜狗浏览器图标是锁定在任务栏的非活动程序；凸起的按钮是任务窗口；呈多层凸起的是包含两个以上的一组相同任务。

图 2.2　任务按钮

② 将鼠标指针移动到任务按钮上稍停留，就可以在预览窗格上预览各窗口内容，单击即可方便地进行窗口切换。

2）在任务栏上固定应用程序。用户可以在任务栏上固定一些常用的应用程序图标，单击这些图标即可快速启动应用程序。例如，将“画图”程序固定到任务栏，具体操作步骤如下。

① 在“开始”菜单的“Windows 附件”中找到“画图”程序。

② 右击“画图”程序，在弹出的快捷菜单中选择“更多”→“固定到任务栏”命令，任务栏上即可出现画图的图标。

右击任务栏中的应用程序图标，在弹出的快捷菜单中选择“从任务栏取消固定”命令，即可移除该程序图标。

3）设置任务栏。右击任务栏的空白区域，在弹出的快捷菜单中选择“任务栏设置”命令，打开“任务栏”设置窗口，如图 2.3 所示。

用户可以在该窗口中对任务栏进行设置，各选项含义如下。

① 打开“锁定任务栏”开关，可将任务栏锁定在桌面上的当前位置，不被移动到新位置。

② 打开“在桌面模式下自动隐藏任务栏”开关，可在平时隐藏任务栏，只有当鼠标指针指向任务栏所在位置时，任务栏才会显示。

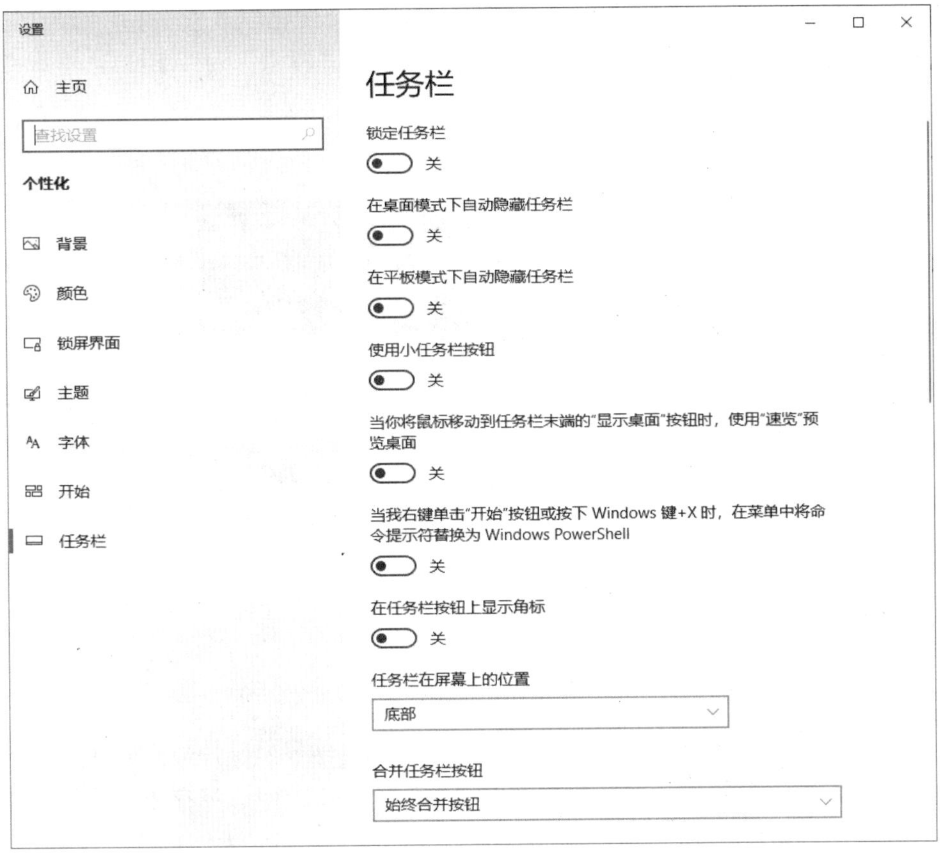

图 2.3 “任务栏”设置窗口

③ 打开“使用小任务栏按钮”开关，则以小图标显示任务按钮。

维持上述多文档打开状态，分别设置任务栏“始终合并按钮”“任务栏已满时”和“从不”显示方式，观察任务栏按钮区任务按钮的显示效果变化。

4）移动任务栏。将鼠标指针指向任务栏的空白区域，分别拖动任务栏到屏幕的上、下、左、右位置，再将任务栏移回原处。

5）调整任务栏。将鼠标指针移到任务栏的边缘，待鼠标指针变成双向箭头时，拖动以改变任务栏的高度。

注意：默认状态下任务栏是被锁定的，在移动任务栏位置或调整任务栏高度时，应先解除任务栏的锁定状态。

2. 设置桌面主题

Windows 10 桌面采用了新的主题方案，其窗口采用无边框设计，界面扁平化，边框直角化，图标和按钮也采用扁平化设计。用户可自定义桌面风格，包括桌面背景、屏幕保护程序和声音方案等。

（1）设置桌面背景为图片

设置桌面背景为图片的操作步骤如下。

1）右击桌面空白处，在弹出的快捷菜单中选择“个性化”命令，打开“设置”窗口。

2）在左侧窗格中选择“背景”选项卡，系统默认“背景”为“图片”，单击“浏览”按钮，选择合适的图片即可，如图 2.4 所示。

图 2.4　“背景”设置窗口

（2）设置桌面背景为幻灯片放映

1）在“背景”设置窗口的“背景”下拉列表中选择“幻灯片放映”选项。

2）单击“浏览”按钮，在打开的“选择文件夹”窗口中选择存放图片的文件夹。

3）在“图片切换频率”下拉列表中选择“10 分钟”，将“无序播放”设置为“开”，如图 2.5 所示。此时，桌面会按指定时间间隔以幻灯片放映方式无顺序地更换背景图片。

图 2.5　设置切换频率和无序播放

（3）设置屏幕保护程序

设置屏幕保护程序的操作步骤如下。

1）在“设置”窗口左侧窗格中选择“锁屏界面”选项卡。

2）单击右侧窗格中的“屏幕保护程序设置”超链接，弹出“屏幕保护程序设置”对话框，在“屏幕保护程序”下拉列表中选择“3D 文字”选项，设置“等待”时间为“5 分钟”，如图 2.6 所示。

图 2.6　“屏幕保护程序设置”对话框

3）单击“设置”按钮，弹出“3D 文字设置”对话框，如图 2.7 所示。选中“自定义文字”单选按钮，在其右侧文本框中输入文字“今天你微笑了吗？”，并设置其字体为华文行楷、中号、紫红色、中速滚动，设置完毕后单击“确定”按钮返回。

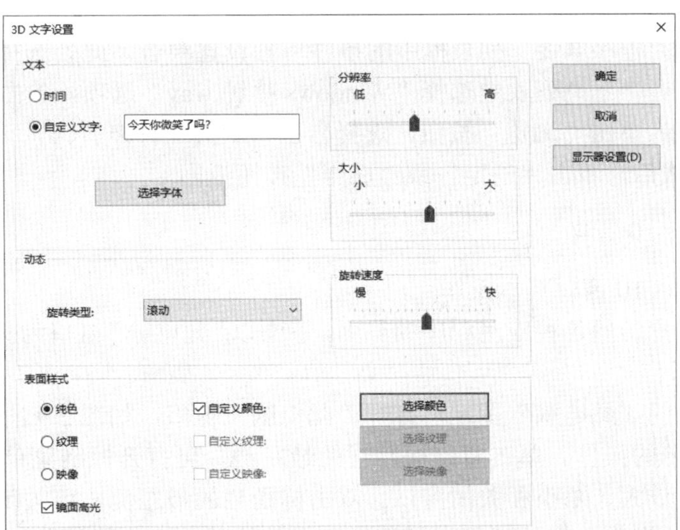

图 2.7　“3D 文字设置”对话框

（4）设置声音

当 Windows 系统中不同种类的事件被激活时，系统会根据相应的设置自动发出声音以提示用户。设置声音的操作步骤如下。

1）在“设置”窗口左侧窗格中选择“主题”选项卡。

2）单击右侧窗格中的“声音”图标，弹出“声音”对话框，如图 2.8 所示。

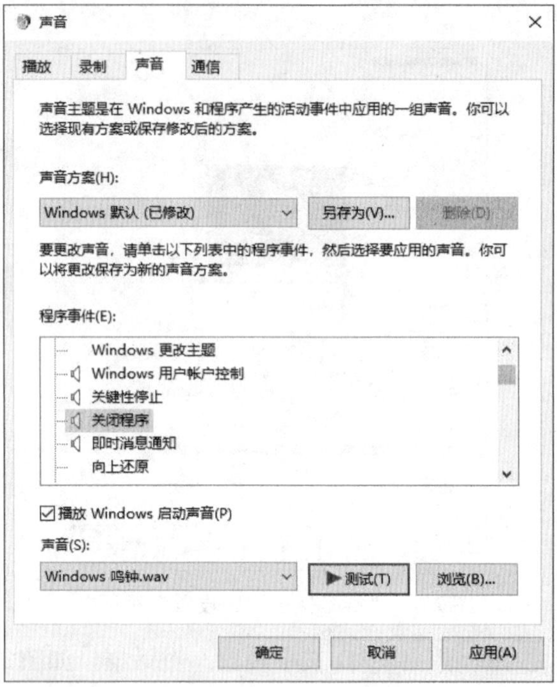

图 2.8 “声音”对话框

3）既可以在该对话框的“声音”选项卡的“声音方案”下拉列表中选择已有的整体方案，也可为“程序事件”列表框中的事件单独设置声音。此处选择“关闭程序”事件，然后在“声音”下拉列表中选择“Windows 鸣钟.wav”选项，单击“测试”按钮播放设置效果。或者单击“浏览”按钮，选择自己喜欢的一种声音。

4）设置完成后，单击“确定”或“应用”按钮返回。

3. Windows 10 窗口

（1）Windows 10 窗口基本操作

窗口是供用户访问各种应用程序的界面，下面以“此电脑”窗口为例，练习 Windows 10 窗口的基本操作。

双击桌面上的“此电脑”图标，打开“此电脑”窗口，如图 2.9 所示。

1）控制菜单的操作。单击窗口标题栏的最左侧，可打开控制菜单，使用控制菜单选项可以移动、放大、缩小和关闭窗口。双击标题栏的最左侧，可关闭窗口。

2）标题栏的操作。拖放标题栏可移动窗口的位置。双击标题栏可使窗口最大化，再次双击则还原为原始大小。单击标题栏“最小化”按钮，窗口缩小为桌面上任务栏上的一个图标，单击标题栏“最大化”按钮，窗口最大化充满整个桌面，此时“最大化”按钮变为“还原”按钮。

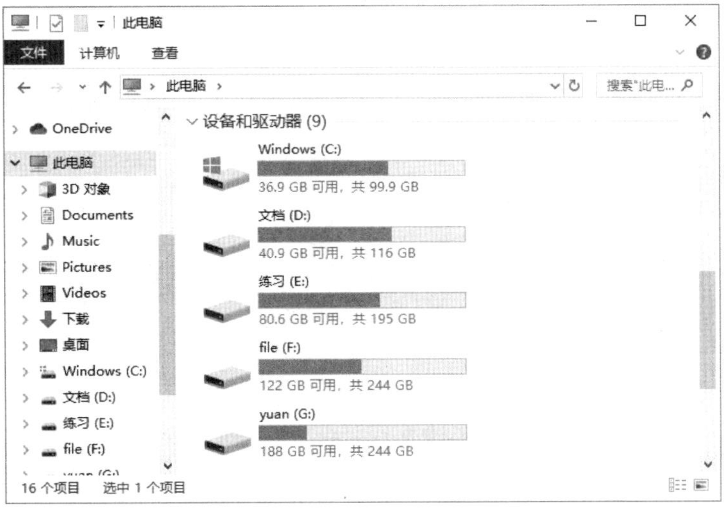

图 2.9　“此电脑”窗口

3）窗口滚动的操作。当窗口无法显示所有内容时，使用滚动条可以查看当前窗口未显示的内容。水平滚动条使窗口内容左右滚动，垂直滚动条使窗口内容上下滚动。

4）改变窗口的大小。用鼠标拖放窗口边框，可以任意改变窗口的大小；用鼠标拖放窗口的 4 个角，可以改变窗口相邻边框的长度。

5）使用窗口的地址栏。Windows 10 窗口地址栏将当前位置整条路径上的所有文件夹都显示为可以单击的按钮。其操作过程如下。

① 打开“C:\Windows\System32”文件夹，如图 2.10 所示，使用地址栏按钮就可以进入该路径上的任何一个文件夹。

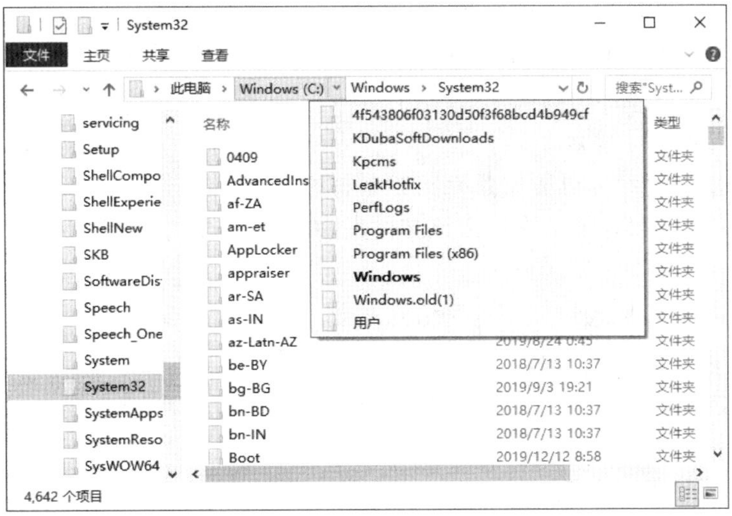

图 2.10　打开文件夹

② 每个地址栏按钮的右侧有一个向右的箭头，单击该箭头按钮后会弹出一个下拉列表，其中列出了与该文件夹同级的其他文件夹。例如，单击“Windows (C:)”按钮右侧的箭头按钮，可以看到如图 2.10 所示的列表，这里列出了 C 盘根目录下的所有文件夹。

③ 如果希望复制当前位置的完整路径，则需要用到传统的地址栏，只需在地址栏右侧的空白处单击，路径就会以文字的形式进行显示，如图 2.11 所示。

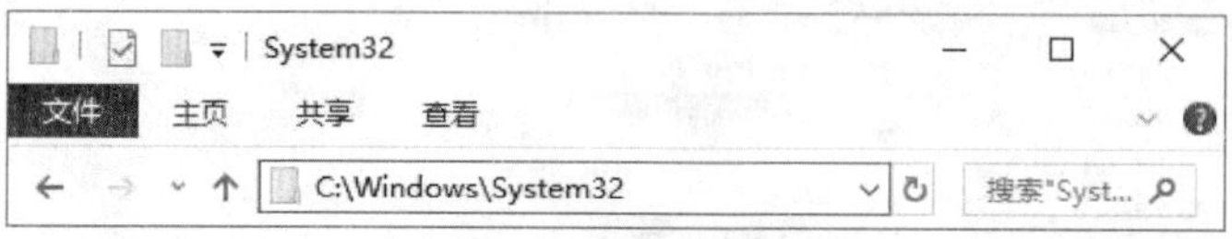

图 2.11　窗口地址栏

④ 在地址栏的右侧，还有一个向下的箭头按钮，单击该下拉按钮，可以用下拉列表的形式打开访问历史记录。通过这种方式，可以快速地在曾经访问过的文件夹之间进行切换。

⑤ 窗口左上角的“返回”和“前进”按钮，可用于在浏览记录中导航而无须关闭当前窗口。当使用窗口时，每进入一个新的文件夹，都会增加一条导航记录，因此利用这两个按钮可以直接切换到曾经访问过的位置。

⑥ 在“返回”和“前进”按钮的右侧有一个向下的箭头按钮，单击该按钮后，系统以下拉列表的形式列出最近的浏览记录。如果需要直接进入某个曾经访问过的位置，可以通过该下拉列表进行选择，而不需要多次单击“返回”和“前进”按钮。

6）显示或隐藏导航窗格。窗口的导航窗格可以用来查找文件或文件夹，还可以将项目直接移动或复制到目标位置。

在窗口中选择“查看”→“导航窗格”命令，在其下拉列表中选中或者取消选中“导航窗格”复选框即可将其显示或隐藏。

7）使用窗口的预览窗格。选择“查看”→“窗格”→“预览窗格”命令，或按【Alt+P】组合键，展开预览窗格，当选定文字文档、图片、视频、音频时，预览窗格会调用与文件关联的应用程序进行预览。

例如，单击“D:\计算机应用基础实验素材\实验三”文件夹，在右侧窗格中会显示该文件夹中的所有内容，可依次单击该文件夹中的各个文件，查看预览窗口内容的变化情况。

8）关闭窗口。可以通过以下 5 种方法关闭“此电脑”窗口。

① 单击“此电脑”窗口右上角的“关闭”按钮。

② 在“此电脑”窗口中选择“文件”→“关闭”命令。

③ 右击窗口标题栏，在弹出的快捷菜单中选择“关闭”命令。

④ 双击标题栏的最左侧。

⑤ 按【Alt+F4】组合键。

（2）菜单基本操作

1）用鼠标操作菜单。

① 单击菜单名，在下拉菜单中通过单击即可选择需要的命令。

② 右击菜单名，可弹出快捷菜单；单击，可选择快捷菜单中需要的命令。

2）用键盘操作菜单。

用键盘操作菜单的步骤如下。

① 按【Alt】键或【F10】键选定菜单栏中的第一个菜单名。

② 用【↑】【↓】【←】【→】方向键选择不同的菜单名（或输入菜单名中带下画线的字母）和菜单选项，按【Enter】键执行。

③ 如果出现级联菜单，重复步骤②，直到出现所需的命令为止。

3）关闭菜单。

单击菜单外的任何区域即可关闭菜单。使用键盘操作时，按【Esc】、【Alt】或【F10】键即可关闭菜单。

（3）对话框基本操作

对话框基本操作包括以下几项。

1）拖动对话框的标题栏可移动对话框。

2）单击命令按钮可执行相应的操作。单击带有省略号“…”的按钮将弹出另一个对话框。

3）用户可以在文本框中输入文字信息。

4）列表框是一个矩形框，用于显示一系列选项。如果选项太多，可移动滚动条进行选择。按【Shift】键并单击第一项和最后一项，可选定多个连续选项。按【Ctrl】键并单击各个需选定的项，可选定多个不连续的选项。

5）单击下拉按钮，可在弹出的下拉列表中选择需要的选项。

6）选中某个单选按钮，其圆形按钮中将出现一个“•”标记，未被选中则没有。

7）单击某个复选框，复选框方框中将出现一个“√”标记，再次单击该复选框，会取消对该复选框的选中，复选框方框变为空白。

8）增量按钮由微调框、“增加”按钮和“减少”按钮组成，用于选定一个数值。单击“增加”按钮增加数值，单击“减少”按钮减少数值。

9）选择选项卡可在各选项卡之间进行切换。

10）单击对话框右上角的“帮助”按钮（带有“？”的按钮），可获得系统的帮助。

11）单击对话框右上角的“关闭”按钮（带有“×”的按钮），可关闭对话框。

12）单击“确定”按钮，保存当前设置，并关闭对话框；单击“取消”按钮，取消当前设置，并关闭对话框。

练习：在“日期和时间”对话框中对本地计算机的日期、时间进行设置。

4. “文件资源管理器”的使用

使用 Windows 文件资源管理器可以方便地查看所有文件夹的内容，并完成对文件的各种操作。“文件资源管理器”左窗格是整个计算机资源的列表区，右窗格显示当前文件夹的子文件夹或文件目录列表，如图 2.12 所示。

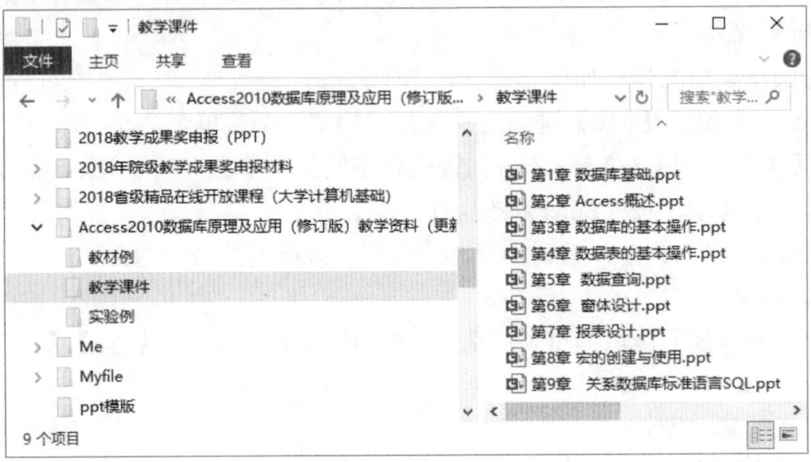

图 2.12 文件资源管理器

1）打开 Windows 文件资源管理器。选择“开始”→“文件资源管理器”命令即可打开“文件资源管理器”。

请列出另外 3 种打开“文件资源管理器”的方法。

____

____

____

____

2）调整左、右两个窗格的大小。将鼠标指针移动到左、右两个窗格的分隔条上，当指针变为双向箭头时拖动分隔条即可调整其大小。

3）展开或折叠文件夹。在左窗格中，前面带有“›”图标的文件夹表示该文件夹内还含有子文件夹，单击“›”图标或双击文件夹图标可以展开该文件夹。前面带有“∨”图标的文件夹表示该文件夹已经展开，单击“∨”图标或双击文件夹图标可以折叠该文件夹。如果文件夹前面既没有“›”图标，又没有“∨”图标，则表示该文件夹内没有子文件夹。

4）关闭“文件资源管理器”。单击“文件资源管理器”窗口右上角的“关闭”按钮即可将其关闭。

5. 文件与文件夹的管理

（1）新建文件与文件夹

1）新建文件夹。在 E 盘根目录下创建一个两级文件夹，第一级文件夹以自己的学号和姓名命名，如张山同学的学号是 202301012，则新建的文件夹名为“202001012 张山”（为方便起见，约定以后称该文件夹为“学生文件夹”）；第二级的 3 个文件夹分别取名为“Documents”、“Pictures”和“Music”，如图 2.13 所示，后面的上机练习内容将分别放入相应的文件夹中。其操作步骤如下。

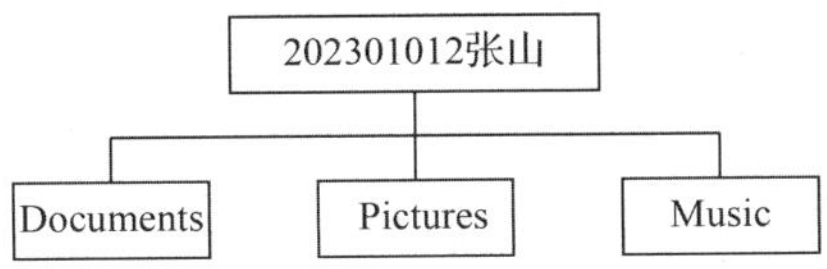

图 2.13 文件夹结构图

① 双击桌面上的“此电脑”图标，打开“此电脑”窗口，双击“本地磁盘（E:）”图标，打开 E 盘驱动器。

② 右击窗口空白处，在弹出的快捷菜单中选择“新建”→“文件夹”命令，建立一个临时文件夹，其默认名称为“新建文件夹”。

③ 右击“新建文件夹”图标，在弹出的快捷菜单中选择“重命名”命令，这时文件夹中的名称框呈现蓝色光标闪烁状态，直接输入自己的学号和姓名后按【Enter】键即可。

④ 双击打开步骤③中新建的文件夹，按以上步骤在该文件夹中建立名为“Documents”、“Pictures”和“Music”的 3 个子文件夹。

⑤ 在“文件资源管理器”中观察新建的文件夹结构，并写下新建的“Documents”子文件夹的路径：__________________________________。

2）新建文件。

【方法一】打开应用程序，新建一个文件。其操作步骤如下。

① 选择“开始”→“Windows 附件”→“写字板”命令，打开写字板窗口，在其中输入以下内容，格式为居中对齐。

早发白帝城

李白

朝辞白帝彩云间，千里江陵一日还。

两岸猿声啼不住，轻舟已过万重山。

② 选择“文件”→“保存”命令，将文件保存到学生文件夹的“Documents”子文件夹中，并命名为“早发白帝城”。默认的文件类型是____________，打开保存类型下拉列表，列出“写字板”程序提供的关联文件类型：____________________________。

③ 关闭文件。

【方法二】不打开应用程序，新建一个空白文件。其操作步骤如下。

① 右击桌面空白处，在弹出的快捷菜单中选择“新建”→“文本文档”命令，新

建一个文件并命名为“早发白帝城”。默认的文件类型为＿＿＿＿＿＿。

② 双击打开该文件，观察打开的应用程序是＿＿＿＿＿＿。

③ 在空白文档中，将用写字板创建的“早发白帝城. rtf”的内容复制到该文档中。注意观察是否能居中对齐。

④ 保存并关闭该文件。

说明：“记事本”是用来记录文本的，没有设置格式的功能。

（2）设置文件夹的查看形式、排序方式和预览窗格

1）选用不同的查看方式显示文件夹的内容，其操作步骤如下。

① 打开“文件资源管理器”，选择“D:\计算机应用基础实验素材\实验三”文件夹为当前文件夹。

② 选择“查看”菜单，依次选用“超大图标”“大图标”“中等图标”“小图标”“列表”“详细信息”“平铺”“内容”等查看方式显示“实验三”文件夹的内容，观察查看方式的差别。

2）选用不同的排序方式显示文件和文件夹。其操作步骤如下。

① 在左窗格任选一个文件夹。

② 在“查看”菜单或右窗格快捷菜单的“排序方式”级联菜单中，按顺序选择“名称”“修改日期”“类型”“大小”排序方式显示文件和文件夹，了解不同的排序效果。

3）观察预览窗格的预览效果。

① 在左窗格任选一个文件夹。

② 选择“查看”→“窗格”→“预览窗格”命令，或按【Alt+P】组合键，展开预览窗格。

③ 在文件列表窗格中选择一个 PPT 文件，在右侧预览窗格中即显示该文件的内容，单击“预览窗格”命令会放映下一张幻灯片。

④ 拖动窗格分隔线适当调整窗格大小。

⑤ 再次单击“预览窗格”按钮取消其显示。

（3）查找计算机中的文件或文件夹

如果想要查看未知路径的文件或文件夹，可使用 Windows 提供的“搜索”功能。

1）搜索 D 盘中文件名以“W”开始的所有 Word 文件（扩展名为.docx）。其操作步骤如下。

① 打开“文件资源管理器”，在左窗格中选择 D 盘，使其成为当前目录。

② 在右上角搜索框中输入搜索关键词“W*.docx”。

③ 当开始输入关键词时，搜索就已经开始。随着输入的关键字符的增多，搜索结果会反复进行筛选，直到搜索完成显示满足条件的结果。搜索结果显示在右窗格中，如图 2.14 所示（因不同计算机存储的文件不同，其结果不一定相同）。

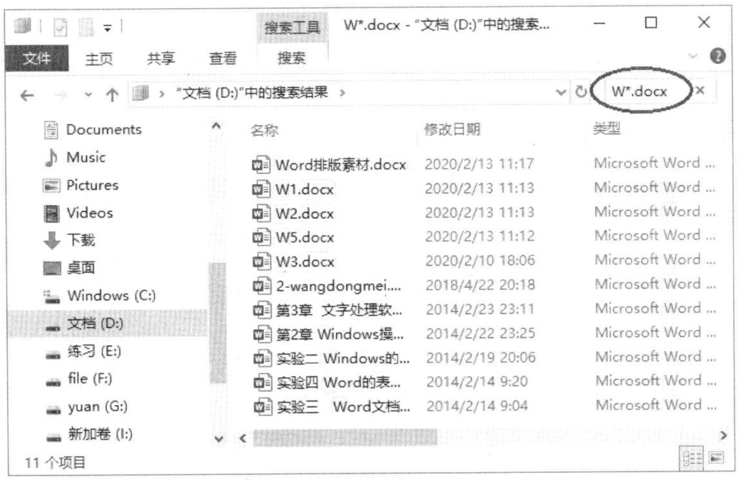

图 2.14　搜索结果

2）在 D 盘中搜索所有 JPG 格式的图片文件。方法同上，只需在搜索框中按需求输入搜索关键词“*. jpg”，满足条件的搜索结果就会显示在右窗格中。

（4）文件的复制、移动和删除

1）文件的复制。将查找到的“*.jpg”文件全部复制到学生文件夹的“Pictures”子文件夹中。其操作步骤如下。

① 选择右窗格中的全部文件并右击，在弹出的快捷菜单中选择“复制”命令。

② 在“文件资源管理器”左窗格中找到“Pictures”文件夹并打开。

③ 右击“文件资源管理器”右侧窗格空白处，在弹出的快捷菜单中选择“粘贴”命令。

请尝试采用两种以上的方法实现文件的复制。

练习：查找所有 MP3 格式的文件，选择喜欢的一首歌，复制到学生文件夹的“Music”子文件夹中。

2）文件的移动。将在 Windows 桌面上新创建的“早发白帝城.txt”文件移动到学生文件夹的“Documents”子文件夹中。其操作步骤如下。

① 右击桌面上的“早发白帝城.txt”文件，在弹出的快捷菜单中选择“剪切”命令。

② 通过“此电脑”或“文件资源管理器”找到“Documents”文件夹，打开此文件夹，右击空白处，在弹出的快捷菜单中选择“粘贴”命令，则“早发白帝城.txt”文件即可从桌面移动到“Documents”文件夹中。

3）文件的删除与还原。将“Pictures”文件夹中不喜欢的图片删除，恢复误删除的图片。其操作步骤如下。

① 将“Pictures”文件夹的查看方式变成“大图标”方式，然后右击要删除的图片，在弹出的快捷菜单中选择“删除”命令。

② 如果弹出“删除文件”提示框，单击“是”按钮即可。

③ 双击桌面上的“回收站”图标，打开“回收站”窗口。

④ 选择其中一幅图片，选择“还原选定的项目”选项，将把文件放回到原来的位置；选择“还原所有项目”选项，将恢复所有被删除的文件或文件夹；选择“清空回收站”选项，将把文件从计算机中彻底删除。

此外，还可以按【Delete】键或【Shift+Delete】组合键删除文件或文件夹。

练习：在“Pictures”文件夹中选择部分图片，分别使用【Delete】键和【Shift+Delete】组合键删除，查看“回收站”窗口，结论如下：按【Delete】键删除硬盘中的文件，是将文件放到______________；按【Shift+Delete】组合键删除硬盘中的文件，是______________。

（5）文件及文件夹属性的设置或更改

1）修改 E 盘中学生文件夹的属性，将其设置为“只读”。其操作步骤如下。

① 右击学生文件夹，在弹出的快捷菜单中选择“属性”命令。

② 在弹出的其属性设置对话框中，选中“只读（仅应用于文件夹中的文件）”复选框，如图 2.15 所示。

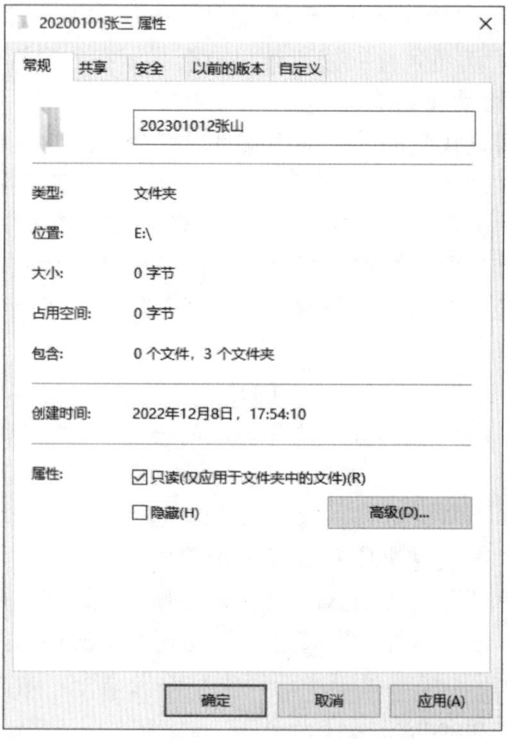

图 2.15　学生文件夹属性设置对话框

③ 单击“确定”按钮。

按步骤①～步骤③取消文件夹的“只读”设置。

2）修改“D:\计算机应用基础实验素材\实验三”文件夹的属性，将其设置为“隐藏”。

提示：如果隐藏的文件或文件夹看不到，可选中“文件资源管理器”中的“查看”选项卡“显示/隐藏”选项组中的“隐藏的项目”复选框。

通过对文件或文件夹“隐藏”属性的设置，比较其对显示文件夹内容的影响。

3）在“查看”选项卡“显示/隐藏”选项组中选中或取消选中“文件扩展名”复选框，观察“D:\计算机应用基础实验素材\实验三”文件夹中所有文件的扩展名，比较其对显示文件扩展名的影响。

6. 创建快捷方式

在桌面上为“记事本”应用程序（notepad. exe）创建一个名为“记事本”的快捷方式。其操作步骤如下。

1）右击桌面空白处，在弹出的快捷菜单中选择“新建”→“快捷方式”命令，弹出“创建快捷方式”对话框，如图 2.16 所示。

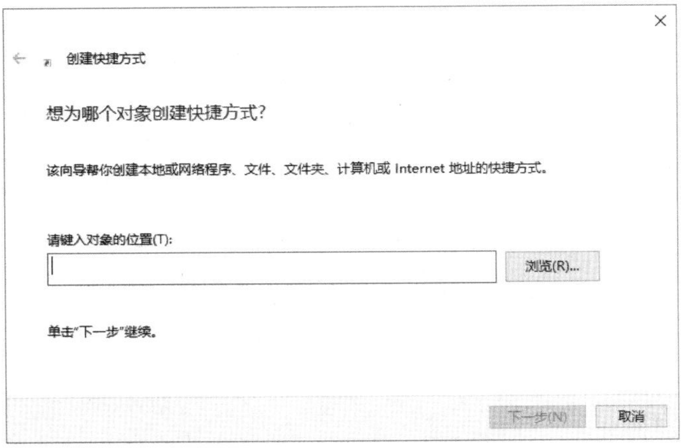

图 2.16 “创建快捷方式”对话框

2）单击“浏览”按钮，弹出“浏览文件或文件夹”对话框，在路径“C:\WINDOWS\system32\”下选择“notepad.exe”选项，单击“下一步”按钮，返回“创建快捷方式”对话框。

3）输入“记事本”作为该快捷方式的名称，如图 2.17 所示。

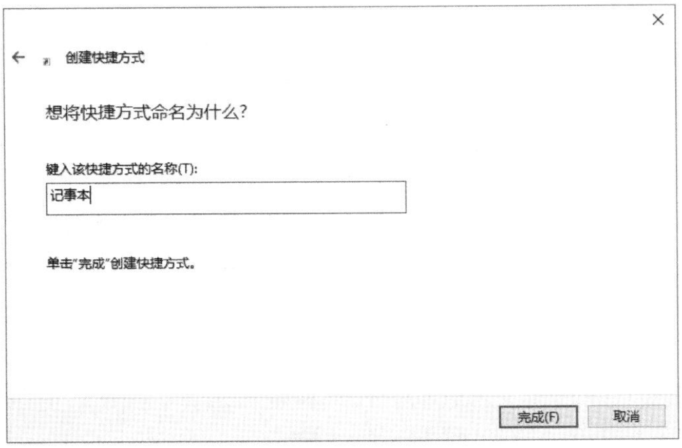

图 2.17 输入快捷方式名称

4）单击“完成”按钮，此快捷方式即可显示在桌面上。

练习：*在桌面上为系统应用程序“mspaint.exe”创建一个名为“画图”的快捷方式。*

7. Windows 常用程序的使用

（1）“计算器”的使用

Windows 10 提供的计算器有标准型、科学型、程序员型和统计信息型 4 种模式。启动计算器的方法如下：选择“开始”→“计算器”命令，打开“计算器”窗口。图 2.18 所示为标准型计算器。单击计算器左上角的导航按钮“☰”，可切换不同模式的计算器。

1）标准型计算器。注意切换模式时，将清除当前的计算。可以单击计算器按钮来执行计算，或者使用键盘输入进行计算。此外，也可以通过按【Num Lock】键使用数字键盘输入数字和运算符。

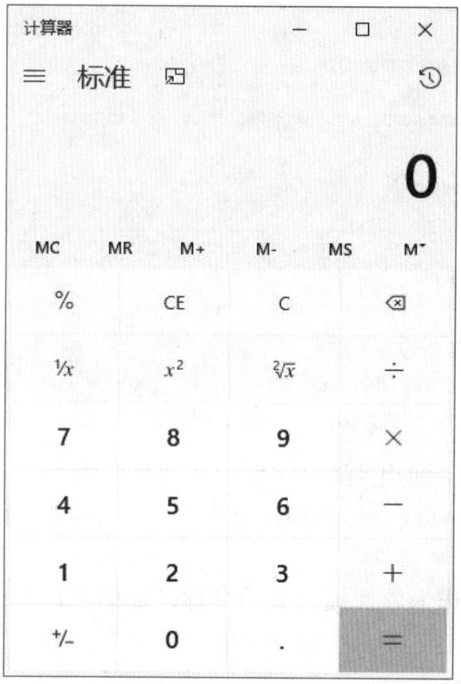

图 2.18　标准型计算器

2）科学型计算器。科学型计算器如图 2.19 所示，是标准型计算器的扩展，主要添加了一些常用数学函数的计算，如求阶乘、指数和对数运算、三角函数运算、数据取整及取模运算等。以科学型模式进行计算时，计算器采用运算符优先级，并精确到 32 位。

例如，求“5!”的值，即可求得 fact(5)=120。求 5! 的值有两种方法：一是直接输入“5!”（按“5”键和“!”键）；二是先按“5”键，再按“n!”键。

3）程序员型计算器。程序员型计算器如图 2.20 所示，利用程序员型计算器可以进行十进制、二进制、八进制和十六进制的代数和逻辑运算。以程序员型模式进行计算时，计算器采用运算符优先级，最多可精确到 64 位。

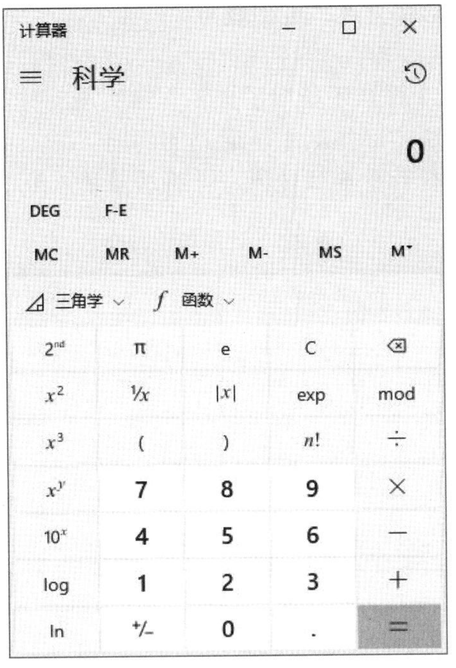

图 2.19　科学型计算器

注意：程序员型模式只是整数模式，小数点将被忽略。

在程序员型计算器中还可以进行不同数制间的转换。例如，输入十进制数 59，左上方会直接显示十六进制、八进制和二进制的转换结果。

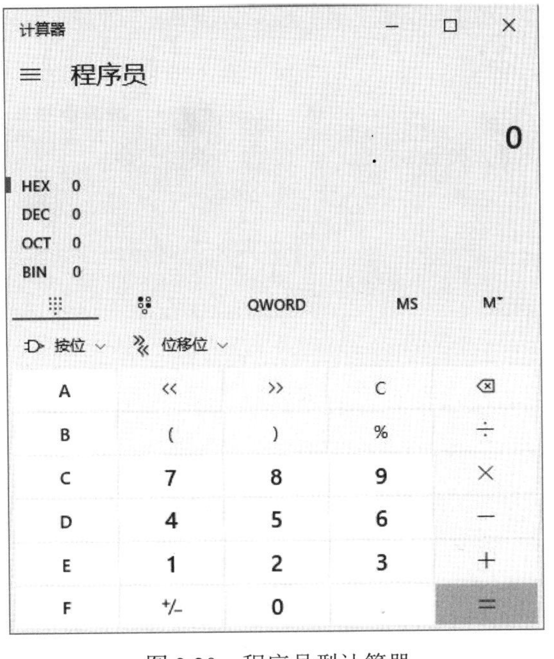

图 2.20　程序员型计算器

练习：将十进制数 25 转换成二进制数为__________；八进制数为__________；十六进制数为__________。

此外，Windows 10 的计算器还新增了很多非常实用的计算功能，如日期计算、单位转换等，能够帮助用户解决实际生活中所遇到的问题。

练习：利用计算器进行计量单位转换，并将结果填入表 2.1 中。

表 2.1 计量单位转换

初始单位		目标单位	初始单位		目标单位
面积	平方千米	1	长度	公里	1
	公顷			海里	
	平方米			英里	
	平方英里			码	
体积	立方米	1	质量	千克	1
	升			磅	
	立方英尺			盎司	
	加仑（美制）			克拉	

（2）“画图”程序的使用

“画图”程序是一个简单的图形处理应用程序，可用于绘制线条和图形、在图中加入文字、对图形颜色进行处理、对图像进行局部的处理和更改、对图像在屏幕上的显示方式进行设置等。“画图”程序处理的图像格式默认为位图文件，其文件扩展名为“.bmp”。

启动“画图”程序的方法如下：选择“开始”→“Windows 附件”→“画图”命令，打开“画图”窗口，如图 2.21 所示。

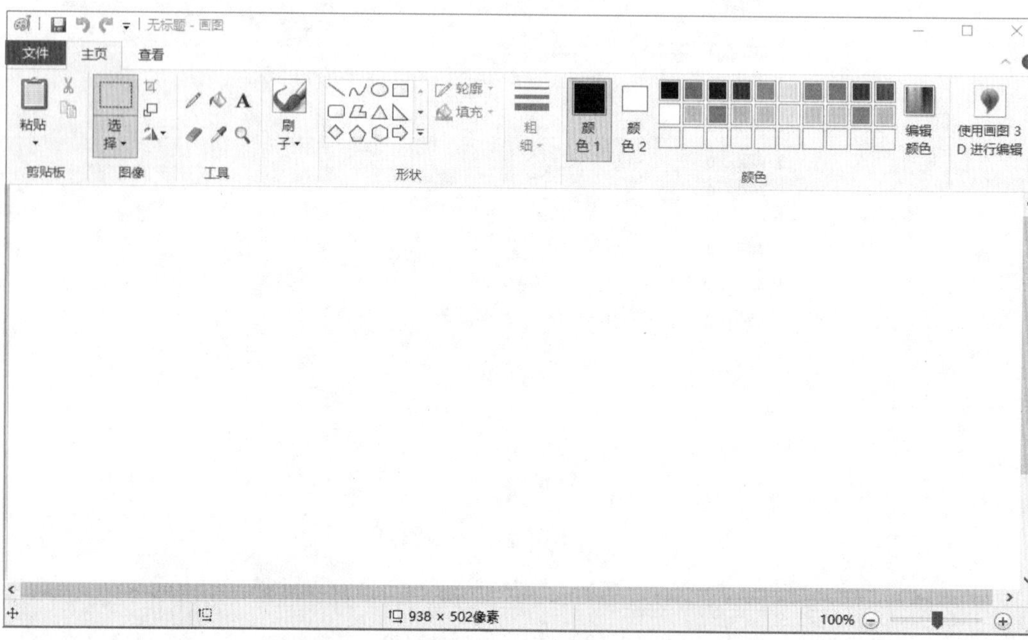

图 2.21 “画图”窗口

“画图”窗口由标题栏、选项卡、功能区、绘图区、状态栏等部分组成。

绘图区是供用户绘制图形或输入文字的区域，可以通过“文件”菜单的“属性”命令对绘图区的高度、宽度及颜色进行精确设置；也可以通过鼠标拖动绘图区尺寸控点来改变绘图区的大小。

调色板左侧的按钮“颜色 1”代表前景色，即当前画笔的颜色；“颜色 2”代表背景色，即绘图的底色。调色板中用许多小方框提供能够使用的各种颜色样板，单击“颜色 1”按钮，然后从调色板中选择一种颜色，则把该颜色选为前景色；单击“颜色 2”按钮，然后从调色板中选择一种颜色，则把该颜色选为背景色。

画图的基本步骤如下。

1）建立一个画图文件。启动“画图”程序将自动建立一个名为“无标题”的画图文件。如果已经在“画图”窗口，可以选择“文件”→“新建”命令建立一个新的画图文件。

2）绘图。在绘图区中绘制图形，可以使用绘图工具、调色板等进行编辑。

3）修改。对绘图区中的画图内容进行修改，可以灵活使用如下方法。

① 单击“撤消”按钮，取消最近的操作。

② 擦除、移动或复制部分画面。单击“主页”选项卡“图像”选项组中的“选择”下拉按钮，在弹出的下拉列表中根据需要选择“矩形选择”或“自由图形选择”选项，然后在擦除区域或移动区域拖动，使虚线框框住要擦除或移动的画面部分。若要擦除内容时，则可单击“主页”选项卡“剪贴板”选项组中的“剪切”按钮或按【Delete】键；若要移动内容时，则可先单击“剪切”按钮，然后在目标位置处单击“粘贴”按钮。

③ 使用橡皮工具可以进行随意擦除。

④ 选择“选择”下拉列表中的“透明选择”选项可以使绘制的图形为透明的，其底面能被看到。

4）在图片中添加文字。其具体操作方法如下。

① 单击“主页”选项卡“工具”选项组中的“文本”按钮（带有字母“**A**”的按钮），在绘图区沿对角线拖动鼠标创建一个文本框。

② 系统将自动弹出“文本工具”选项卡，在此可更改文字或背景颜色，并可根据需要选择在彩色背景上插入文字（不透明），还是在空白背景上插入文字（透明）。

③ 选择字体、字号，然后输入文字。

④ 单击文本框外的任意位置即可完成在图片中添加文字的操作。

5）保存。在“文件”菜单中选择“保存”或“另存为”命令，将绘制的图画保存到磁盘中。默认情况下，文件保存为.png 类型，也可以选择.jpg、.tif、.gif、.bmp 等类型。

练习：在“画图”程序中绘制一幅自己喜爱的图画，保存到学生文件夹下的“Pictures”文件夹中，文件名为“My picture”，保存类型为.jpg。

8. *磁盘管理与维护*

为了使 Windows 操作系统运行稳定，应该定期对系统进行一些简单的维护。例如，定期运行“磁盘清理”和“磁盘碎片整理程序”，查找和纠正磁盘逻辑结构的损坏处，整理磁盘碎片，使文件能够存放在连续的块中。

（1）查看 C 盘的相关信息

1）双击桌面上的“此电脑”图标，打开“此电脑”窗口。

2）右击“本地磁盘（C:）”图标，在弹出的快捷菜单中选择“属性”命令，弹出“本地磁盘（C:）属性”对话框。

3）在“常规”选项卡中查看 C 盘的相关信息，并填入表 2.2 中。

表 2.2　C 盘的相关信息

项目	信息
文件系统	
已用空间	
可用空间	
总的空间	

（2）查看磁盘分区

1）打开“控制面板”窗口。

2）单击“管理工具”图标，打开“管理工具”窗口。

3）双击“计算机管理”图标，打开“计算机管理”窗口，如图 2.22 所示。

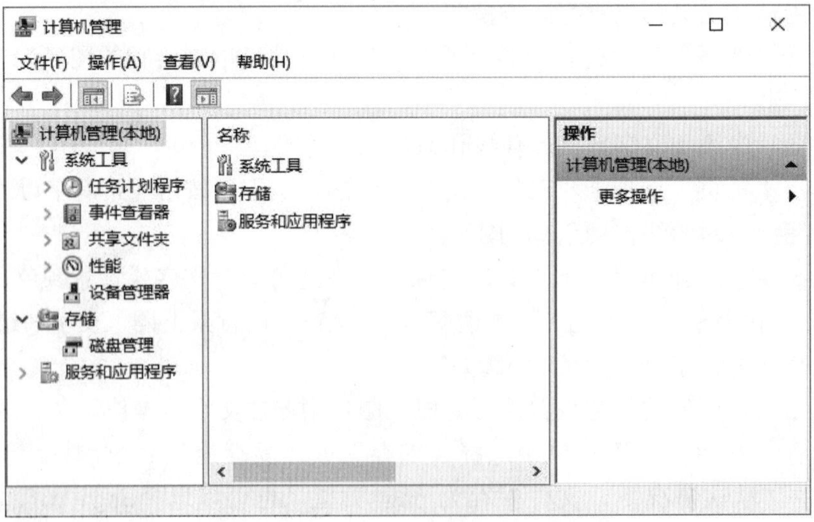

图 2.22　“计算机管理”窗口

4）单击“存储”节点中的“磁盘管理”图标，查看计算机硬盘分区等信息，并填入表 2.3 中。

表 2.3 计算机管理信息表

盘符	文件系统	状态	容量	可用空间	可用占比/%	磁盘清理后的可用占比/%

（3）磁盘清理

磁盘清理的操作步骤如下。

1）选择“开始”→“Windows 附件”→“Windows 管理工具”→“磁盘清理”命令，弹出“磁盘清理：驱动器选择”对话框，如图 2.23 所示，选择要进行磁盘清理的驱动器（如 D 盘），单击“确定”按钮。

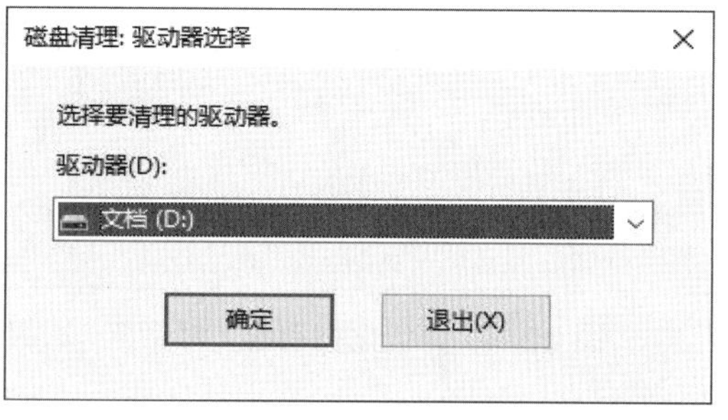

图 2.23 “磁盘清理：驱动器选择”对话框

2）此时会弹出“磁盘清理”对话框，显示磁盘清理的当前进度状态，接着会弹出“（D:）磁盘清理”对话框，在“要删除的文件”列表框中选择要删除的文件类型，然后单击“确定”按钮。

3）在弹出的对话框中单击“删除文件”按钮。

请将磁盘清理后的信息填入表 2.3 中最后一列。

（4）磁盘碎片整理程序

整理磁盘碎片的操作步骤如下。

1）选择“开始”→“Windows 管理工具”→“碎片整理和优化驱动器”命令，弹出“优化驱动器”对话框，如图 2.24 所示。

2）选择要进行碎片整理的驱动器。若不确定是否需要进行碎片整理，则可单击“分析”按钮。

3）系统完成磁盘分析后，在“上一次运行时间”列中检查磁盘上碎片的百分比。如果数字高于 10%，则应该对磁盘进行碎片整理。

4）单击“优化”按钮，开始执行该程序。磁盘碎片整理程序可能需要几分钟到几小时才能完成，具体取决于磁盘碎片的大小和程度。在碎片整理过程中，仍然可以使用计算机。

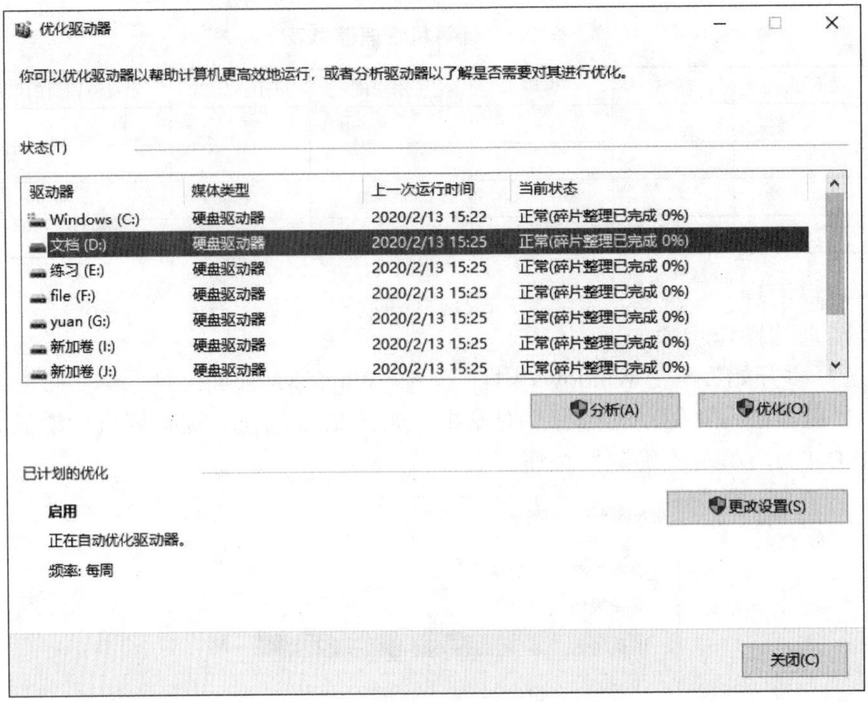

图 2.24　“优化驱动器”对话框

实验三　Word 文档编辑与排版

实验目的

1．掌握 Word 2016 的启动与退出方法。
2．掌握 Word 2016 文档的管理和编辑方法。
3．掌握在 Word 2016 文档中复制、移动和删除文本内容的方法。
4．掌握在 Word 2016 文档中进行查找、替换的方法。
5．掌握在 Word 2016 文档中进行字符格式及段落格式的设置方法。
6．掌握在 Word 2016 文档中进行编号、项目符号及分栏的设置方法。
7．掌握页面设置方法。

知识要点

Word 2016 是一种基于 Windows 系统环境运行的文字处理软件，可以实现输入、排版、打印输出等功能，在图形、图片、表格处理方面表现丰富，适合制作各种书信、报告、论文等，而且简单易学。目前，Word 2016 已是 Windows 操作系统环境下广受用户欢迎的文字处理软件之一。

1．启动 Word 2016

启动 Word 2016 的方法有以下几种。

1）选择“开始”→“Microsoft Office 2016”→“Word 2016”命令。

2）如果需要经常启动 Word 2016，可以在桌面上创建其快捷方式，只需双击其快捷方式图标即可启动 Word 2016。

3）打开一个 Word 文件也能够启动 Word 2016。

2．Word 2016 工作界面

Word 2016 工作界面包括标题栏、快速访问工具栏、功能区、文本编辑区、滚动条、状态栏等几个部分。

Word 2016 的功能区为命令按钮提供了一个集中的区域。单击功能区上的选项卡名称可打开对应的选项卡。

每个选项卡包含任务类别相同的命令按钮组，最常用的命令按钮显示在最前面。命令按钮组的右下角有一个“对话框启动器”按钮 ，单击此按钮可以弹出对应的对话框或任务窗格。

Word 提供了 5 种在屏幕上显示文档的视图方式，分别为页面视图、阅读视图、Web 版式视图、大纲视图和草稿视图。

在使用 Word 2016 的过程中，使用“帮助”选项卡或者直接按【F1】键，可以获得 Word 2016 的帮助。

3. Word 2016 的键盘快捷方式

1）按【Alt】键可显示所有功能区的快捷键提示，如图 3.1（a）所示，此时按所需键即可打开相应的选项卡。例如，按【W】键可以打开“视图”选项卡，如图 3.1（b）所示；再按对应键可以执行所需的操作，如按【N】键可以新建一个 Word 窗口。

（a）选项卡快捷方式

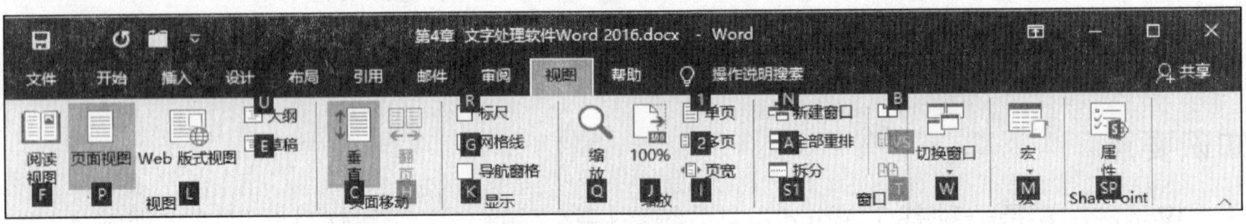

（b）命令按钮快捷方式

图 3.1 快捷键提示

2）按【Esc】键可以退出快捷键提示状态，或从命令按钮快捷状态退回选项卡快捷状态。

3）Word 早期版本中的按【Ctrl+字母】组合键和按【Alt+字母】组合键的快捷方式仍可在 Word 2016 中使用。

4. 退出 Word 2016

退出 Word 2016 的方法有以下几种。

1）单击快速访问工具栏中的“关闭”按钮。

2）选择“文件”→“关闭”命令。

3）单击 Word 程序窗口标题栏最右端的“关闭”按钮。

4）按【Alt+F4】组合键。

无论使用哪种方法退出 Word 2016，如果有未保存的文档，都将弹出一个提示对话框询问是否保存对文档的修改，根据要求确认后再退出 Word 2016 程序。

实验内容及步骤

1. 创建新文档

在已建立的学生文件夹的“Documents”子文件夹下建立 Word 文档“W1. docx”和“W2. docx”。

1）启动 Word 2016。选择“开始”→“Microsoft Office 2016”→“Word 2016”命令，启动 Word 2016。

2）新建文档。启动 Word 2016 后，会自动创建一个文件名为“文档 1”的空白文档。

2. 输入文本

在打开的 Word 文档窗口中，光标标明输入字符将出现的位置。输入文本时，光标从左向右移动。

按【Enter】键可以开始一个新的段落。若输错字符，可移动光标，按【Delete】键删除光标后的一个字符，或按【Backspace】键删除光标前的一个字符。

字符输入有两种工作模式：插入和改写。系统默认的工作模式是插入，此时状态栏显示“插入”字样；当处于改写状态时，状态栏显示“改写”字样，这时再输入的内容就会替换原有内容。按【Insert】键或单击“插入”或“改写”按钮可以在这两种输入模式之间进行切换。

单击 Windows 任务栏上的输入法提示按钮，在其下拉列表中选择相应的中文输入法。在中文输入状态下，输入汉字必须切换到小写状态。

在中文输入状态下，从键盘上可直接输入“。”“，”“；”“：”“、”等符号。

某些特殊符号不能从键盘上直接输入，可单击“插入”选项卡“符号”选项组中的“符号”下拉按钮，在其下拉列表中选择“其他符号”命令，在弹出的“符号”对话框中选择符号，单击“插入”按钮输入字符。

插入字符后，单击“关闭”按钮。

练习：创建 W1.docx 文档，并输入以下文字。

VR 技术

VR 是英文 Virtual Reality 的缩写，中文意思是“虚拟现实”，早期译为“灵境技术”。虚拟现实是多媒体技术的终极应用形式，是计算机软硬件技术、传感技术、机器人技术、人工智能及行为心理学等科学领域飞速发展的结晶。它主要依赖于三维实时图形显示、三维定位跟踪、触觉及嗅觉传感技术、人工智能技术、高速计算与并行计算技术及人的行为学研究等多项关键技术的发展。随着虚拟现实技术的发展，真正地实现虚拟现实，将引起整个人类生活与发展的巨大变革。人们戴上立体眼镜、数据手套等特制的传感设备，面对一种三维的模拟现实，似乎置身于一个具有三维的视觉、听觉、触觉甚至嗅觉的感觉世界，并且人与这个环境可以通过人的自然技能和相应的设施进行信息交互。

3. 保存文档

保存文档的操作步骤如下。

1）单击快速访问工具栏中的“保存”按钮，弹出“另存为”窗口，在该窗口中选择要保存的文件后，弹出“另存为”对话框，在该对话框中可确定保存文件的位置、名称和类型等，如图 3.2 所示。

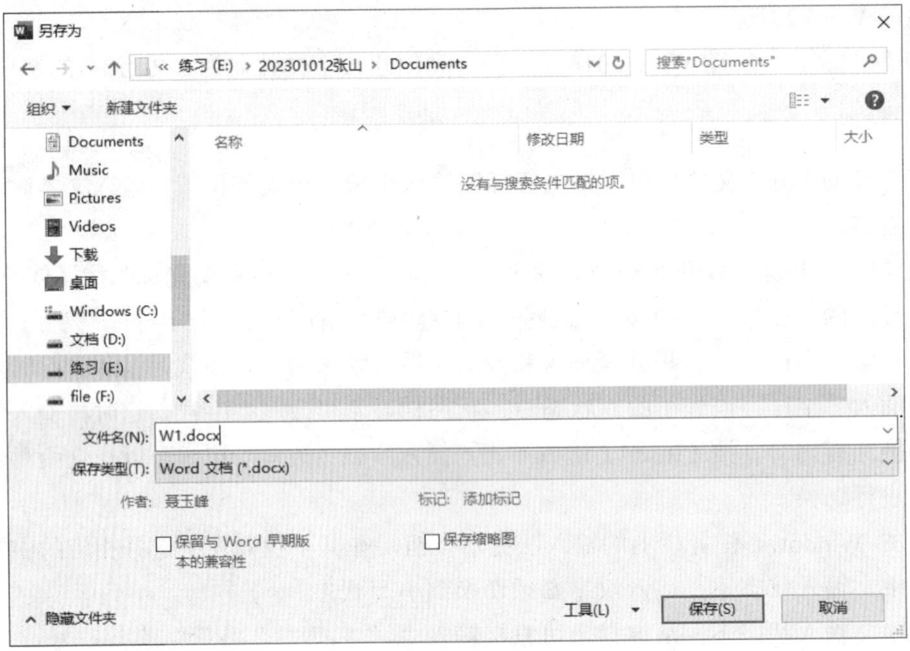

图 3.2　“另存为”对话框

2）进入学生文件夹中的“Documents”子文件夹。

3）在“文件名”文本框中输入文件名为“W1.docx”。

4）在“保存类型”下拉列表中选择“Word 文档（*.docx）”选项。

5）单击“保存”按钮，当前文档以指定的位置、名称和类型被保存。

以某个文件名保存新建文件后，下一次保存时，可以直接单击快速访问工具栏中的“保存”按钮来保存现有的文件。

如果需要改变被保存文件的位置、名称或类型，选择“文件”→“另存为”命令，弹出“另存为”窗口，重新指定保存文件的位置、名称或类型后，在弹出的“另存为”对话框中单击“保存”按钮即可。

练习：打开“W1.docx”文档，选择“文件”→“另存为”命令，将文件命名为“W1-1.docx”，并保存在可移动存储设备中。

退出 Word 2016 时，所有打开的文件都将被关闭。如果某个打开的文件被修改而没有保存，则在退出时 Word 2016 会提示是否要保存该文件。

6）关闭文档。可选择“文件”→“关闭”命令关闭文档，也可单击文档窗口右上角的“关闭”按钮关闭文档。

7）按照上面的方法创建“W2.docx 文档”，并输入以下文字。

虚拟现实技术是一种可以创建和体验虚拟世界的计算机仿真系统。虚拟现实技术有以下几个特点。

① 沉浸性（immersion）。它又称临场感，指用户对虚拟世界的真实感。理想的模拟

环境应该使用户难以分辨真假，使用户全身心地投入到计算机创建的三维虚拟环境中，该环境中的一切看上去是真的，听上去是真的，动起来是真的，甚至闻起来、尝起来等一切感觉都是真的，如同在现实世界中的感觉一样。

② 交互性（interaction）。它指用户对虚拟世界中的物体的可操作性。例如，用户可以用手去直接抓取模拟环境中虚拟的物体，这时手有握着东西的感觉，并可以感觉物体的重量，视野中被抓的物体也能立刻随着手的移动而移动。

③ 构想性（imagination）。它又称自主性，指用户在虚拟世界的多维信息空间中，依靠自身的感知和认知能力可以全方位地获取知识，发挥主观能动性，寻求对问题的完美解决。

由于沉浸性、交互性和构想性 3 个特性的英文单词的第一个字母均为“I”，这 3 个特性通常又被统称为 3I 特性。

8）单击快速访问工具栏上的“保存”按钮，弹出“另存为”窗口，单击“浏览”按钮，弹出“另存为”对话框，设置文件保存在学生文件夹的“Documents”子文件夹中，文件名为“W2.docx”，类型为“Word 文档（*.docx）”。

注意：要将英文单词首字母改为大写，先选定要更改的文本，然后单击“开始”选项卡“字体”选项组中的“更改大小写”按钮Aa，在其下拉列表中选择“每个单词首字母大写”选项，如图 3.3 所示，即可将文档中的英文单词首字母改为大写。

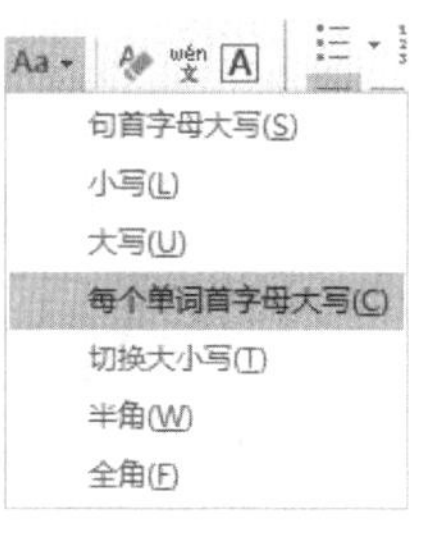

图 3.3　“更改大小写”下拉列表

练习：按【Insert】键或单击状态区中的“插入”标志，使之变成“改写”状态，将光标移到文档中有文字处，输入一些新字符，如空格等，观察在“改写”状态下与在“插入”状态下输入文字有何区别。

4. 打开文档

1）打开最近使用过的文件。其操作步骤如下。

① 从“开始”菜单启动 Word 2016。

② 打开“文件”菜单，在右窗格“最近”文档列表中单击要打开的文件名即可。

2）打开以前的文件。其操作步骤如下。

① 选择“文件”→“打开”命令，在打开的窗口中单击“浏览”按钮，弹出“打开”对话框，可在此对话框中指定文档所在位置，如图 3.4 所示。

② 选择要打开的文件，如“W1.docx”，再单击“打开”按钮即可。

5. 插入特殊符号

在“W1.docx”的第一段末依次插入“△”“▲”和“■”3 个符号。

1）将光标放置在第一段末尾，单击“插入”选项卡“符号”选项组中的“符号”下拉按钮，在其下拉列表中选择“其他符号”选项。

2）弹出“符号”对话框，如图 3.5 所示。找到以上 3 个符号，依次插入。

3）单击“关闭”按钮。

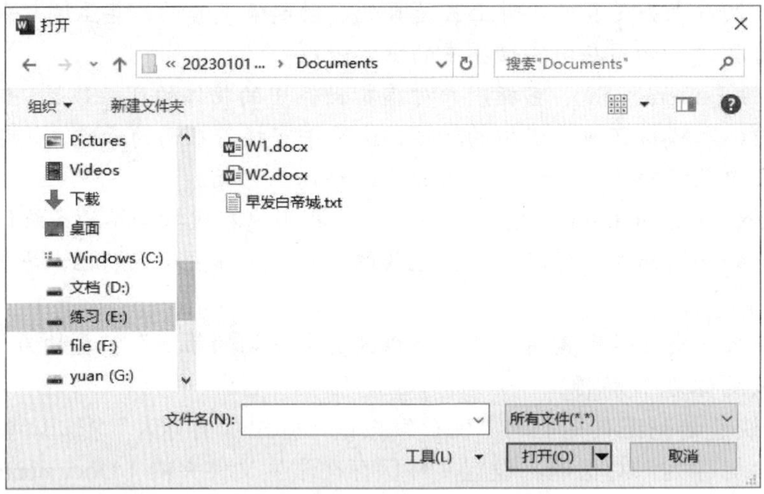

图 3.4 “打开”对话框

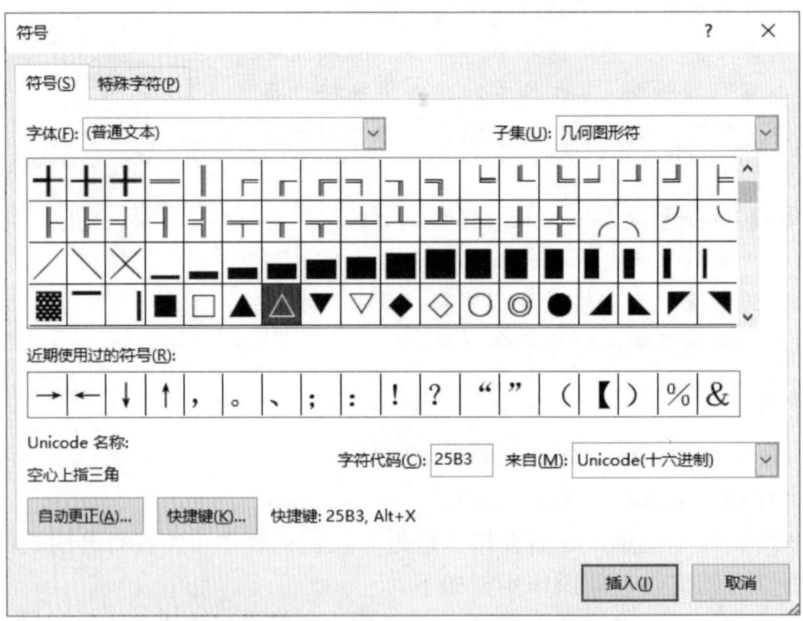

图 3.5 “符号”对话框

练习： 1）输入下列特殊字符。

Ⅰ Ⅱ Ⅲ Ⅳ Ⅴ Ⅵ Ⅶ Ⅷ Ⅸ Ⅹ ① ② ③ ⑱ ⑲ ⑳ ∑ Ω ∞ ♫ 🕐 ☽ ☎ ✉ ☺ ☹ ～。

2）输入大写数字——壹万贰仟叁佰肆拾伍。

要输入“壹万贰仟叁佰肆拾伍”，先输入数字“12345”，然后选定数字，单击“插入”选项卡“符号”选项组中的“编号”按钮，弹出“编号”对话框，在其中选择相应的编号类型即可，如图 3.6 所示。

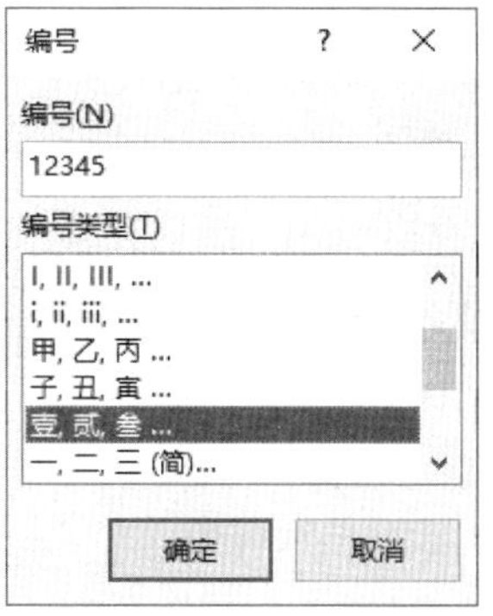

图 3.6 “编号”对话框

注意：特殊符号可利用软键盘输入；也可以在“符号”对话框中，从“字体”下拉列表中选择适当的字体，找到所需要的符号。

6. 文本内容的定位和选择

1）打开文档“W1.docx”。

2）选定文本。将光标定位在文本第一段的前端，按下鼠标左键并拖动鼠标到第一段的末端，然后释放鼠标左键，此时被选定的文本背景呈深色。

① 双击，可选定一个单词。

② 快速单击 3 次，可选定一个段落。

③ 在文本选定区拖动，可选定若干行。

④ 在文本选定区左侧空白处单击，可选定一行。

⑤ 在文本选定区左侧空白处双击，可选定一个段落。

⑥ 在文本选定区左侧空白处快速单击 3 次，可选定整个文档。

⑦ 将光标定位在要选定文本的起点，按住【Shift】键不放，按【↑】【↓】【→】【←】方向键，可选定一个字、一行字、一个段落甚至整个文档。

⑧ 利用【Shift】键选定文本。将光标定位在要选定文本的上方，滚动文本，按住【Shift】键，在要选定文本的下方单击，即可选定这部分文本。

⑨ 按【Shift+End】组合键，可选定该行光标右侧的文本；按【Shift+Home】组合键，可选定该行光标左侧的文本。

⑩ 选定整个文档。如果要选定整个文档，可单击“开始”选项卡“编辑”选项组中的“选择”下拉按钮，在其下拉列表中选择“全选”选项，也可以按【Ctrl+A】组合键。

⑪ 如果要选择列方式的长方形文本，可利用【Alt】键完成。将光标移到要选定文本的左上角，按住【Alt】键拖动到要选定文本的右下角后释放，即可选定一块矩形的文本。

⑫ 按住【Ctrl】键拖动鼠标，可选择非连续文本。

7. 文本内容的复制、移动、删除

删除“W2.docx”文档第一段的第一句，然后将全文复制到“W1.docx”文档的最后，将原“W1.docx”文档最后一段的“VR 技术”移动到文档的前端，“W1.docx”最后以新文件名“W3.docx”保存，“W2.docx”按原文保存。

其操作步骤如下。

1）删除文本。删除文本的方法有如下 3 种。

① 打开“W2.docx”文档，将光标放在第一段第一句的末尾，然后按【Backspace】键删除光标左侧的字符，直到将要删除的内容删完为止。

② 将光标放在第一段第一句的开头，按【Delete】键删除光标右侧的字符，直到将要删除的内容删完为止。

③ 先选定要删除的文本，然后按【Backspace】键或【Delete】键，就可以将所选定的文本全部删除。

2）按【Ctrl+A】组合键，选定“W2. docx”全文。

3）按【Ctrl+C】组合键，将所选定的文本复制到剪贴板中。

4）打开“W1.docx”文档，把光标移到文档的最后。

5）按【Ctrl+V】组合键，复制到剪贴板中的“W2.docx”全文便粘贴到当前光标所在位置了。

6）选定原“W1. docx”文档最后一段的“VR 技术”，单击“开始”选项卡“剪贴板”选项组的“剪切”按钮。

7）将光标移到文档的前端，单击“开始”选项卡“剪贴板”选项组中的“粘贴”按钮。

8）将文件“W1. docx”重命名为“W3. docx”，并保存在学生文件夹的“Documents”子文件夹中。

9）“W2. docx”文档内容不变，按原文件名保存。

8. 文本内容的查找和替换

打开“W3.docx”文档，查找所有“虚拟”，将其设置为红色、楷体。其具体操作步骤如下。

1）单击“开始”选项卡“编辑”选项组中的“替换”按钮，弹出“查找和替换”对话框。

2）在“查找内容”文本框和“替换为”文本框中都输入“虚拟”，如图 3.7 所示。

3）将光标停留在“替换为”文本框中，然后单击“更多”按钮，展开更多选项。

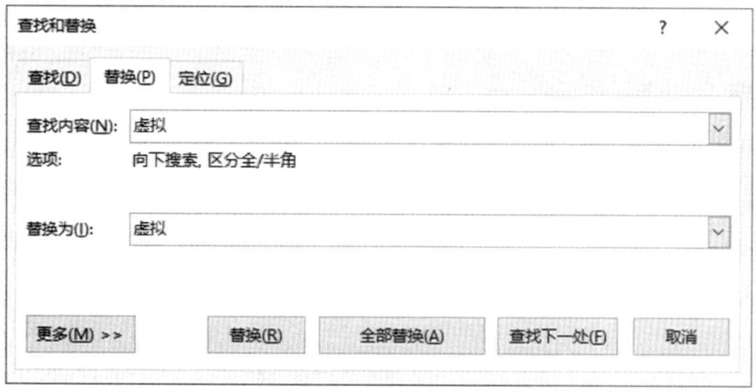

图 3.7 常规“查找和替换”对话框

4）单击“格式”下拉按钮，在其下拉列表中选择“字体”选项，弹出“替换字体”对话框，如图 3.8 所示，设置字体为“楷体”，颜色为“红色”，字号为“五号”，单击“确定”按钮。

图 3.8 “替换字体”对话框

5）返回到“查找和替换”对话框，单击“全部替换”按钮，如图 3.9 所示。

6）以原文件名“W3.docx”保存文档。

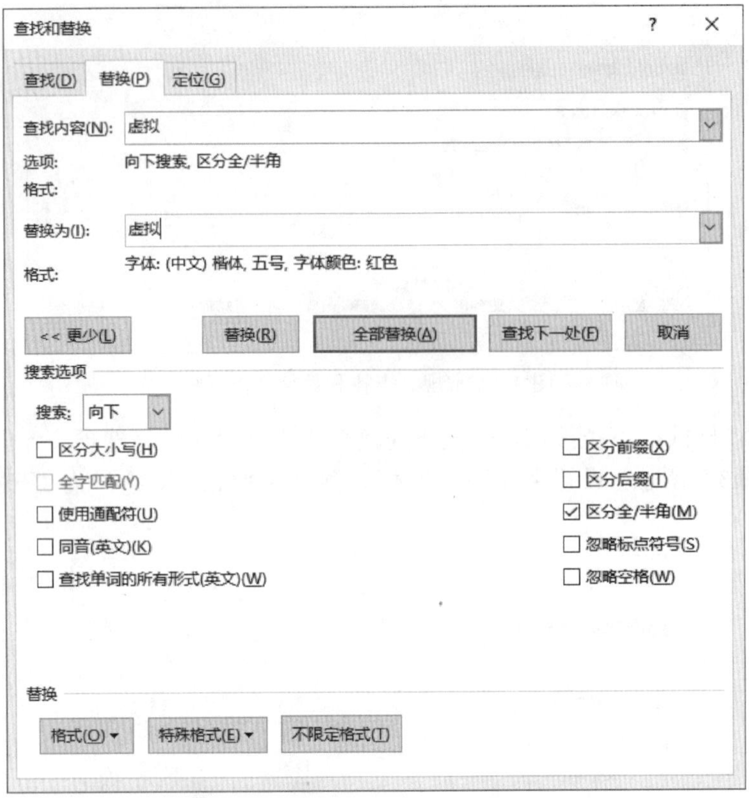

图 3.9　高级“查找和替换”对话框

9. 字符格式化

将“W3.docx”的标题“VR 技术”设置为三号、蓝色、宋体、加粗、居中，为其添加黄色、0.5 磅的双线阴影边框，并对每个字符加着重号。其操作步骤如下。

1）打开“W3.docx”文档。

2）选定标题段“VR 技术”，单击“开始”选项卡“段落”选项组中的“居中”按钮，并设置其行距为“1.5”。

3）单击“开始”选项卡“字体”选项组中的“对话框启动器”按钮，弹出“字体”对话框。

4）在“中文字体”下拉列表中选择“宋体”选项，在“字形”列表框中选择“加粗”，在“字号”列表框中选择“三号”，在“字体颜色”的颜色面板上选择“蓝色”，选择使用着重号，单击“确定”按钮。

5）单击“开始”选项卡“段落”选项组中的“边框”下拉按钮，在其下拉列表中选择“边框和底纹”选项，弹出“边框和底纹”对话框，如图 3.10 所示。

6）在该对话框“设置”选项组中选择“阴影”选项，在“样式”列表框中选择双线，在“颜色”下拉列表中选择“黄色”选项，在“宽度”下拉列表中选择“0. 5 磅”选项，在“应用于”下拉列表中选择“文字”选项，单击“确定”按钮。

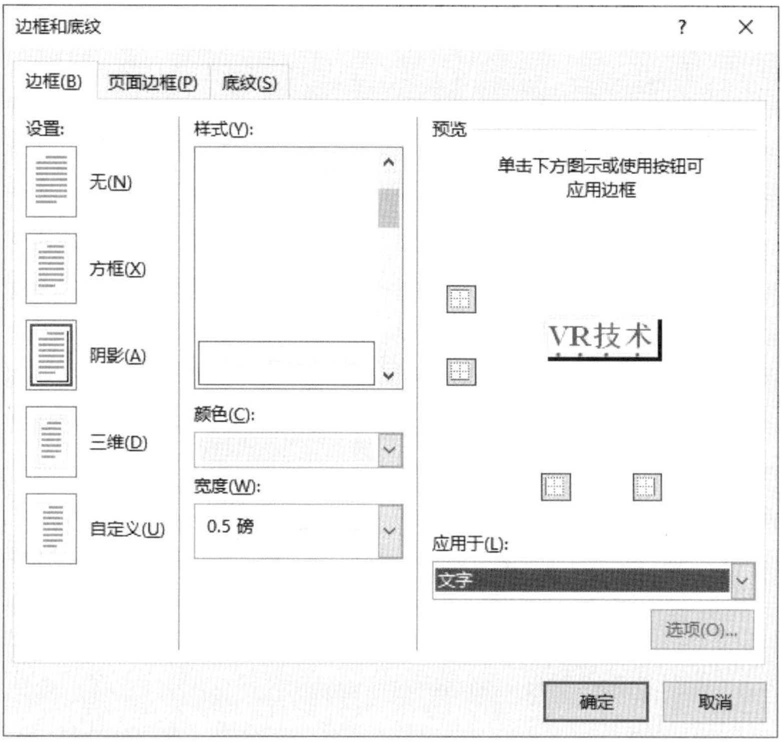

图 3.10　“边框和底纹”对话框

练习：输入并编辑如图 3.11 所示效果的文字。

注意：单击“开始”选项卡“字体”选项组中的“对话框启动器”按钮，弹出“字体”对话框，选择“高级”选项卡，在其中设置字符位置和磅值。

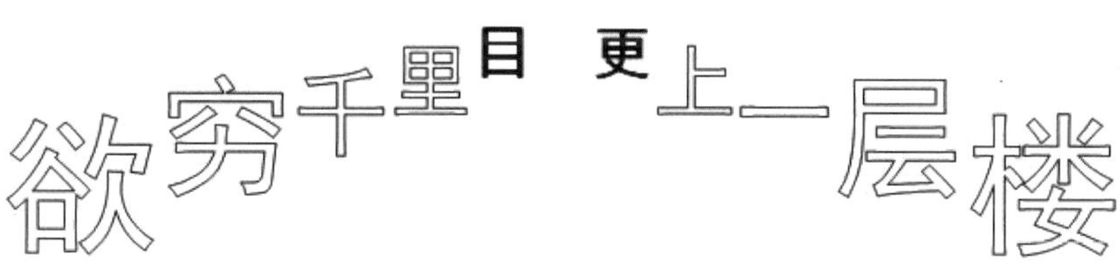

图 3.11　文字编辑效果

10. 段落格式化

将“W3.docx”文档各段落首行缩进 2 字符、行距 20 磅。其操作步骤如下。

1）选定各段落，单击“开始”选项卡“段落”选项组中的“对话框启动器”按钮，弹出“段落”对话框，如图 3.12 所示。

2）设置“缩进和间距”选项卡“缩进”选项组中的“特殊格式”为“首行”，“缩进值”为“2 字符”。

3）类似地，设置“间距”选项组中的“行距”为“固定值”，“设置值”为“20 磅”。

4）单击“确定”按钮完成操作。

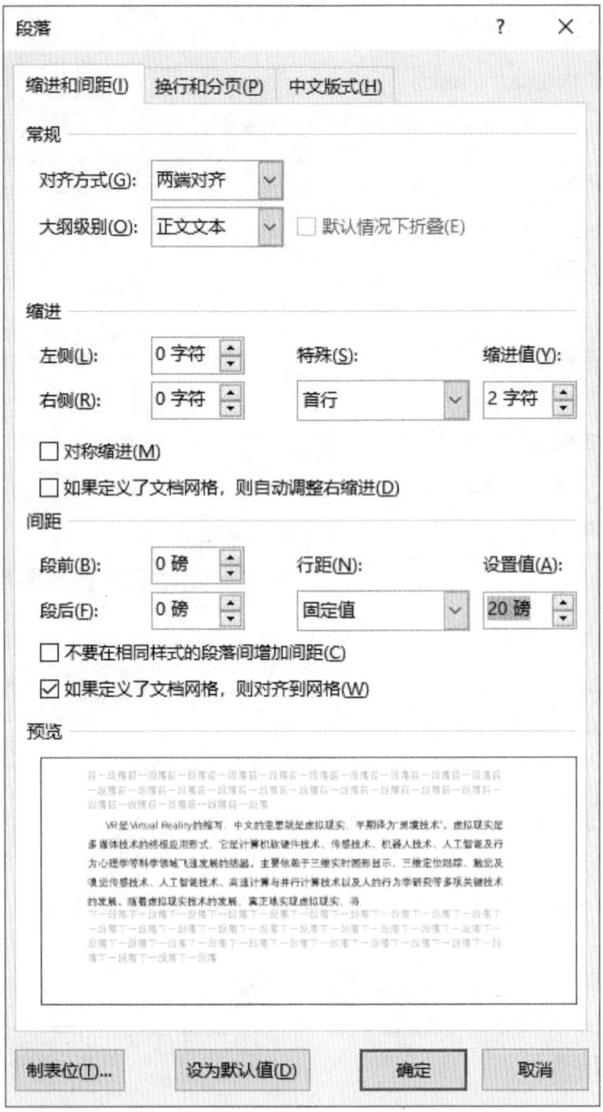

图 3.12　“段落”对话框

11．分栏

将第一段分两栏（需要分栏线）。其操作步骤如下。

1）选定第一段，然后单击“布局”选项卡“页面设置”选项组中的“栏”下拉按钮，在其下拉列表中选择“更多栏”选项，弹出“栏”对话框，如图 3.13 所示。

2）在“预设”选项组中选择“两栏”选项（如果要设置 3 栏以上，可以直接在“栏数”数值框中输入相应的数字）。

3）选中“分隔线”复选框。

4）栏间距设置为“1.2 厘米”，单击“确定”按钮。

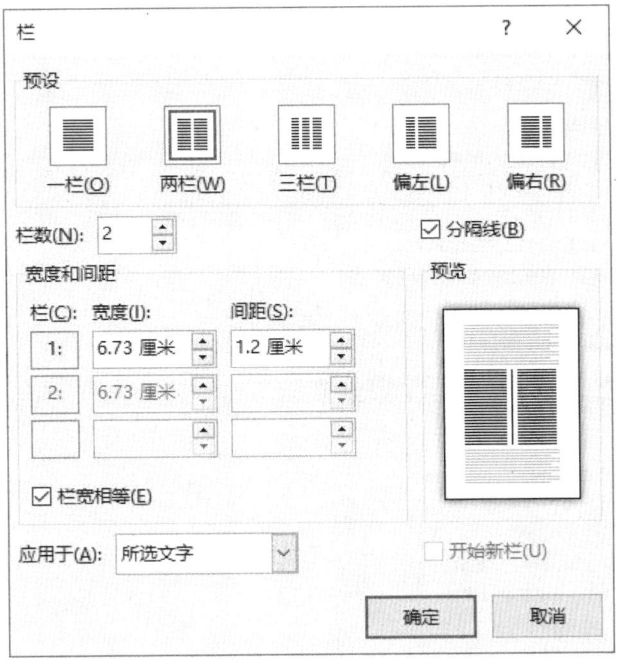

图 3.13 “栏”对话框

说明：

1）如果要对文档的最后一段分栏，应只选定该段的文本而不要选择段落标记“↵”，否则无法达到希望的分栏效果。或者在最后一段末尾再输入一个回车符，即输入一个没有文字的空段落，然后选定要分栏的段落进行分栏，注意不要选择空段落。

2）如果设置栏宽或间距时不能使用厘米单位，则需要进行如下设置。

① 选择“文件”→“选项”命令，弹出“Word 选项”对话框，选择“高级”选项卡。

② 在右窗格的“显示”选项组中，取消选中“以字符宽度为度量单位”复选框，如图 3.14 所示。

③ 单击“确定”按钮完成设置。

3）在草稿视图下无法显示分栏效果，应该切换到页面视图查看。

12. 首字下沉

将第一段的“VR”下沉 3 行，字体为“Tahoma”。其操作步骤如下。

1）选定第一段文字段首的“VR”，单击“插入”选项卡“文本”选项组中的“首字下沉”下拉按钮，在其下拉列表中选择“首字下沉选项”选项，弹出“首字下沉”对话框，在“字体”下拉列表中选择“Tahoma”选项，在“下沉行数”数值框中输入“3”，如图 3.15 所示。

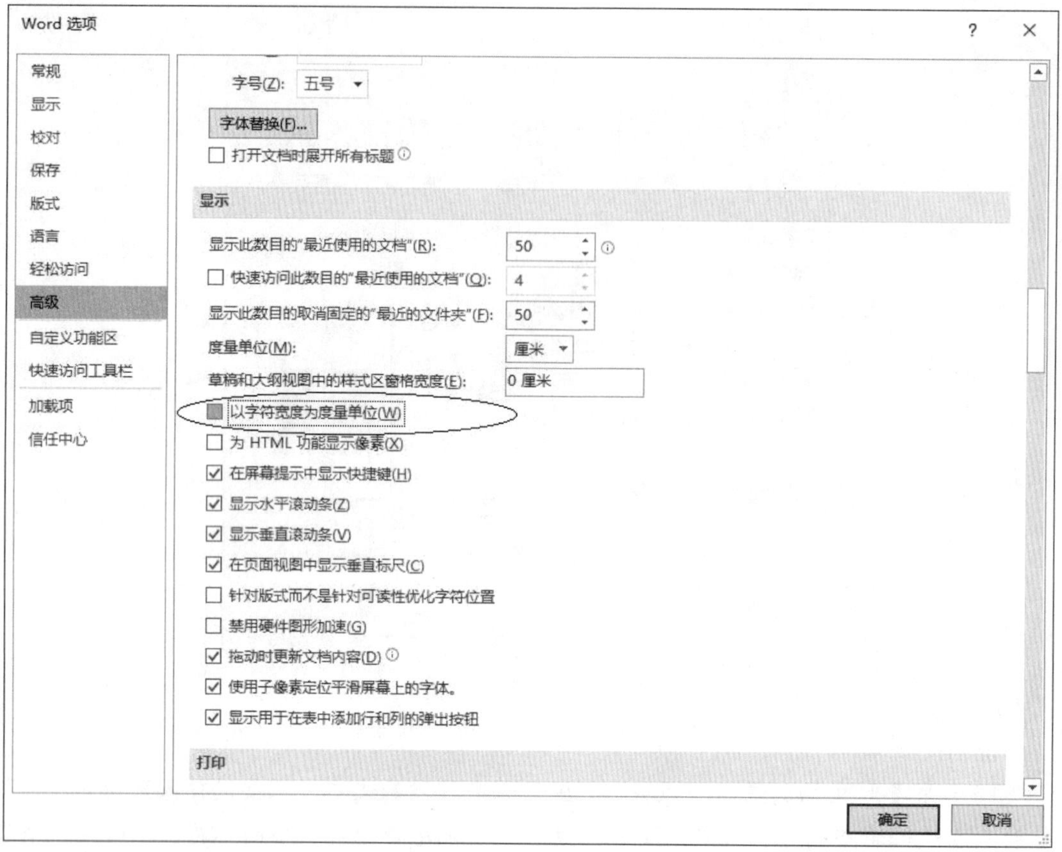

图 3.14 “Word 选项”对话框

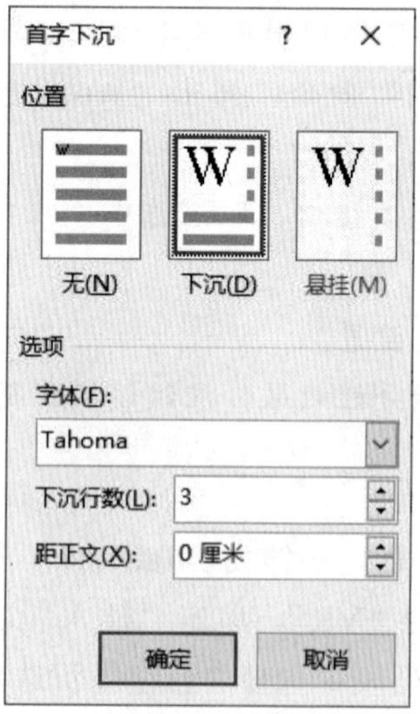

图 3.15 “首字下沉”对话框

2）单击“确定”按钮完成设置。

注意：如果要对某一段同时设置首字下沉和分栏，若先设置首字下沉，然后设置分栏，则不要将下沉的字选定，否则分栏命令不可操作。一般来说，先设置分栏，后设置首字下沉较好。

13. 边框和底纹

将第二段文字加 3 磅单线橙色方框，底纹填充黄色，样式为 10%。其操作步骤如下。

1）选定第二段文字，单击“开始”选项卡“段落”选项组中的“边框”下拉按钮，在其下拉列表中选择“边框和底纹”选项，弹出“边框和底纹”对话框。

2）在“边框”选项卡的“设置”选项组中选择“方框”选项，在“颜色”下拉列表中选择“橙色”选项，在“宽度”下拉列表中选择“3 磅”选项，在“应用于”下拉列表中选择“段落”选项，如图 3.16 所示。

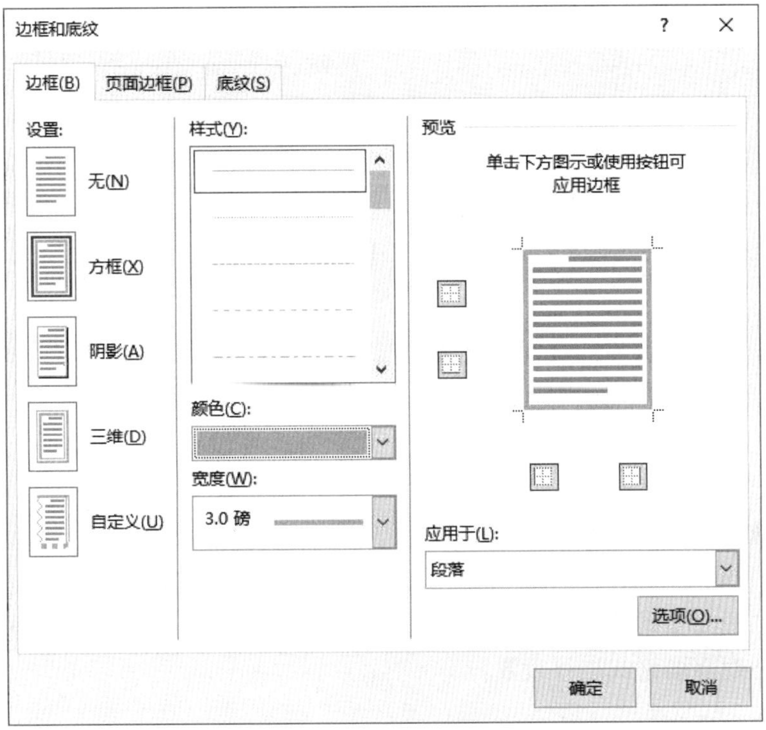

图 3.16　“边框”选项卡

3）切换至“底纹”选项卡，在“填充”下拉列表中选择“黄色”选项，在“样式”下拉列表中选择“10%”，如图 3.17 所示。

4）单击“确定”按钮，完成设置。

14. 页面设置

将“W3. docx”文档的页边距设置为上边界 1 厘米，下边界 1 厘米。纸张大小设置为高度 23 厘米，宽度 20 厘米。其操作步骤如下。

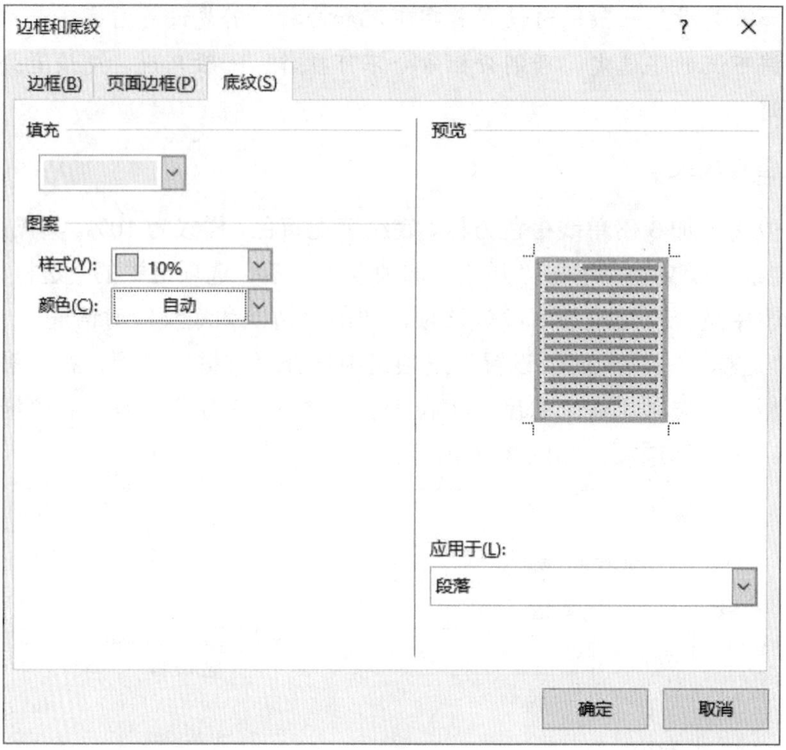

图 3.17 “底纹”选项卡

1）单击“布局”选项卡“页面设置”选项组中的“对话框启动器”按钮，弹出“页面设置”对话框。

2）在“页边距”选项卡中将“上”“下”页边距都设置为 1 厘米。

3）切换至“纸张”选项卡。如图 3.18 所示，在“纸张大小”下拉列表中选择“自定义大小”选项；设置宽度为“20 厘米”，高度为“23 厘米”。

4）单击“确定”按钮。

也可以通过“布局”选项卡“页面设置”选项组中的“页边距”“纸张大小”“纸张方向”等按钮对页面格式进行设置。

15. 页眉和页脚

设置页眉内容为“VR 技术简介”，颜色为红色，左对齐；页脚内容为当前页页码，右对齐。其操作步骤如下。

1）单击“插入”选项卡“页眉和页脚”选项组中的“页眉”下拉按钮，在其下拉列表中选择“编辑页眉”选项，弹出“页眉和页脚工具-设计”选项卡，如图 3.19 所示。此时，系统呈现出页眉的编辑区域，输入文字“VR 技术简介”。

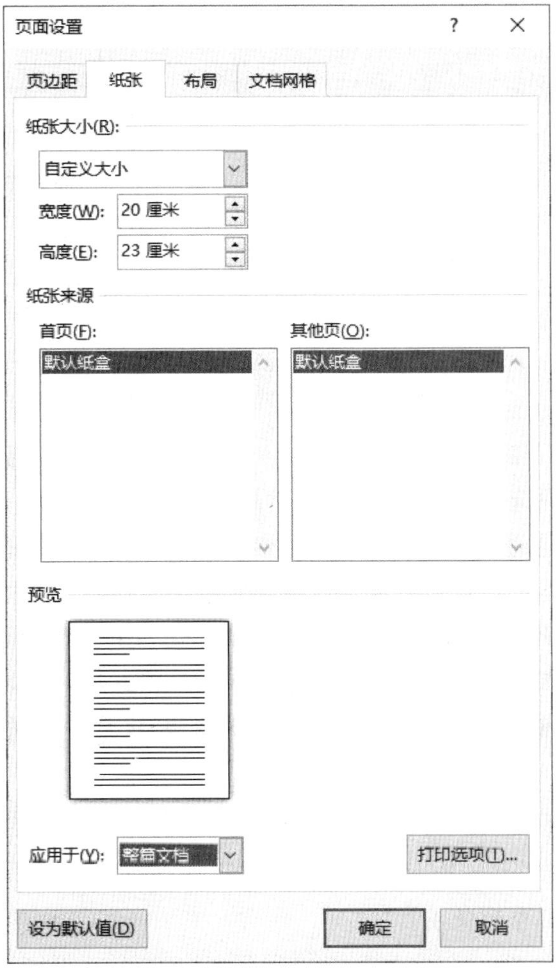

图 3.18　“纸张”选项卡

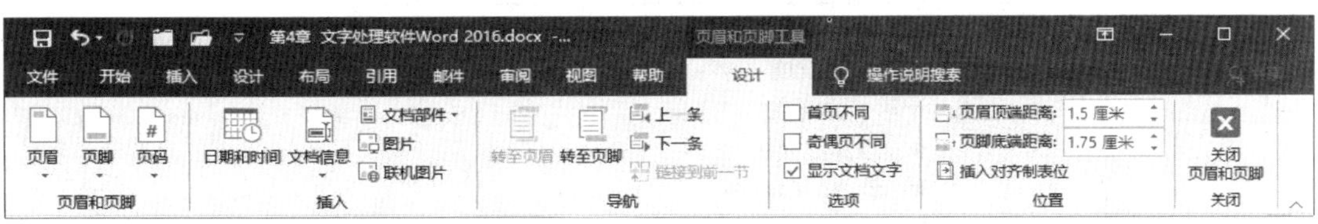

图 3.19　“页眉和页脚工具-设计”选项卡

2）选定“VR 技术简介”字符，在浮动工具栏中设置文本左对齐，颜色为红色。

3）单击“页眉和页脚工具-设计”选项卡“导航”选项组中的“转至页脚”按钮，切换到页脚的编辑区域。

4）单击“页眉和页脚工具-设计”选项卡“位置”选项组中的“插入对齐制表位”按钮，弹出“对齐制表位”对话框，如图 3.20 所示。选中“右对齐”单选按钮，单击“确定”按钮。

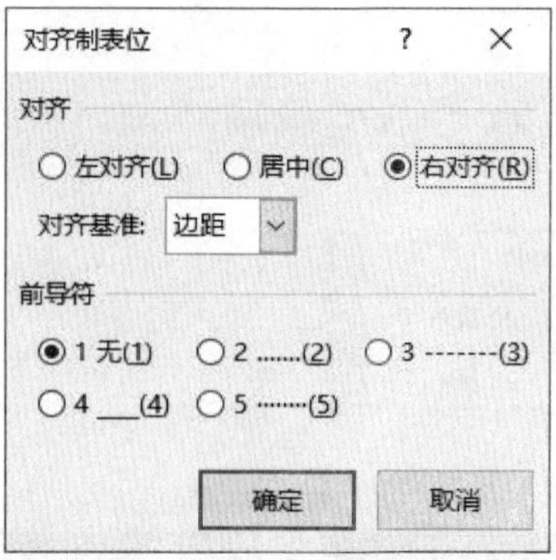

图 3.20 “对齐制表位”对话框

5）单击“页眉和页脚工具-设计”选项卡“页眉和页脚”选项组中的“页码”下拉按钮，在其下拉列表中选择“当前位置”→“普通数字”选项，即可插入当前页的页码。

6）单击“页眉和页脚工具-设计”选项卡“关闭”选项组中的“关闭页眉和页脚”按钮或双击文档正文区，结束页眉和页脚编辑，返回文档。

说明：要设置首页和奇偶页不同的页眉和页脚，可在“页眉和页脚工具-设计”选项卡的“选项”选项组中，选中“首页不同”和“奇偶页不同”复选框。在设置首页、奇数页、偶数页的页眉时，可通过“页眉和页脚工具-设计”选项卡“导航”选项组中的相应按钮切换。

完成上述操作后，将文档命名为“W4.docx”并保存到学生文件夹的“Documents”子文件夹中。

16. 项目符号和编号的使用

创建如图 3.21 所示的项目符号和编号。

一、计算机概论
    1. 计算机的发展
    2. 计算机的特点
        ● 运算速度快
        ● 计算精确度高
        ● 具有记忆和逻辑判断能力
        ● 有自动控制能力
    3. 计算机的应用
二、计算机系统的组成
    1. 计算机的基本结构
    2. 微型计算机中的硬件资源
    3. 微型计算机的软件配置

图 3.21 项目符号和编号使用示例

其操作步骤如下。

1）打开“D:\计算机应用基础实验素材\实验三”文件夹中的“W5.docx”文档。

2）选定“计算机概论”和“计算机系统的组成”这两行，单击“开始”选项卡“段落”选项组中的“编号”下拉按钮，弹出“编号库”下拉列表，选择格式“一、二、三、”选项，如图 3.22 所示。此时，在“计算机概论”前面加上了编号“一、”，在“计算机系统的组成”前面加上了编号“二、”。

3）选定“计算机的发展”“计算机的特点”和“计算机的应用”后右击，在弹出的快捷菜单中选择“编号”选项，在其级联菜单的“编号库”中选择格式“1.　2.　3.”，然后在“更改列表级别”级联菜单中将其设置为 2 级。

4）按照上面的操作步骤，将“计算机的基本结构”“微型计算机中的硬件资源”和“微型计算机的软件配置”前面也加上编号“1. 2. 3. ”，同样设置为 2 级。

5）选定“运算速度快”“运算精确度高”“具有记忆和逻辑判断能力”和“有自动控制能力”，单击“开始”选项卡“段落”选项组中的“项目符号”下拉按钮，在其下拉列表中选择“项目符号库”中的项目符号“●”，如图 3.23 所示。然后，在“更改列表级别”级联菜单中将其设置为 3 级。

6）以原文件名将文件保存到学生文件夹的“Documents”子文件夹中，完成设置。

图 3.22　编号库

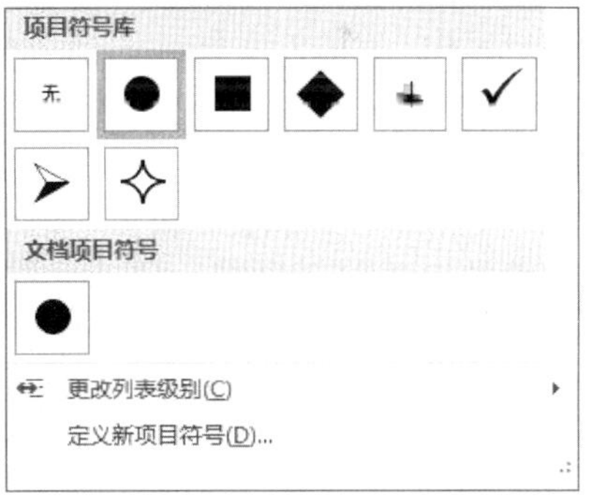

图 3.23　项目符号库

实验四　Word 文档图文混排及应用

实验目的

1．掌握插入图片及设置图片格式的方法。
2．掌握插入自选图形的方法。
3．掌握样式的新建、修改及应用样式的方法。
4．理解分节的含义，能够根据实际情况采用不同的分节方式。
5．掌握为不同节设置页眉和页码的方法。
6．掌握生成目录的方法。

知识要点

1．插入图形

在 Word 2016 中使用的图形有 Windows 提供的各种图形文件、由其他绘图软件创建的图片、通过“绘图”工具栏绘制的自选图形、SmartArt 图形、通过“艺术字”工具栏建立的特殊视觉效果的艺术字、使用数学公式编辑器建立的数学公式等。插入图形可通过单击“插入”选项卡“插图”选项组中的相应按钮来实现，插入数学公式则通过单击“插入”选项卡“符号”选项组中的“公式”按钮来实现。

每种插图对象插入文档后，都会自动显示对应的工具标签和选项卡。

2．图片的编辑和格式化

对插入的图片可以进行编辑和格式化，包括如下操作。

1）缩放、裁剪、复制、移动、旋转等编辑操作。
2）组合与取消组合、叠放次序、文字环绕方式等图文混排操作。
3）填充、边框线、颜色、对比度、水印等格式化操作。

这些可以通过“图片工具-格式”选项卡来完成，如图 4.1 所示。

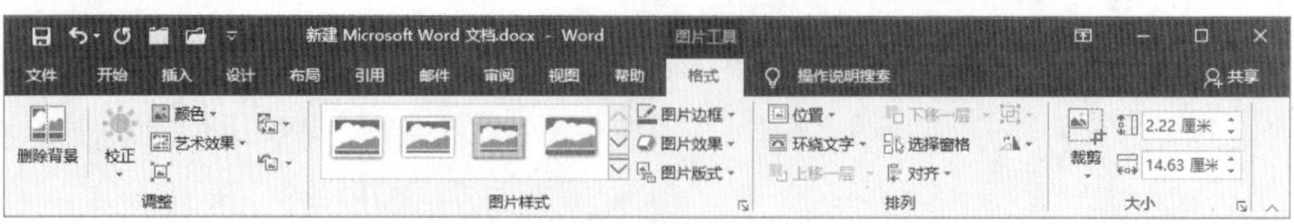

图 4.1　“图片工具-格式”选项卡

3．样式的使用

样式是一组已命名的字符和段落格式的组合。通过样式格式化文档，可将一篇文档的内容分成不同的级别，并将相同级别的文档内容设置为相同的样式。

Word 中已存储了大量的标准样式供用户使用，可以从“开始”选项卡中选择样式，或者从“样式”任务窗格中选择样式应用到文档中。如果用户希望使用自己的风格进行排版，可以按照自己的想法新建一个样式，若不满意还可随时更改。

4. 文档分节

如果对文档中的某部分内容有特殊的要求，可以插入分节符将文档分节。文档分节后可以把不同的节作为一个整体处理，从而单独设置页面、页边距、页眉/页脚、分栏等。

5. 生成目录

撰写论文时一般都应有目录，以便全面反映文档的内容和层次结构，从而便于阅读。要生成目录，需要对文档的各级标题进行格式化，通常利用“开始”选项卡中的“样式”选项组的标题样式对各级标题进行统一的格式化，这些标题样式已经设置好大纲级别。例如，“标题 1”样式的大纲级别为 1 级，“标题 2”样式的大纲级别为 2 级，“标题 3”样式的大纲级别为 3 级等。所以，要使用自定义的样式来生成目录，必须对“大纲级别”进行设置，这是自动生成目录的关键所在。

用户可以通过“引用”选项卡“目录”选项组中的“目录”按钮进行目录的设置。

实验内容及步骤

1. 插入图片

完成如图 4.2 所示的图文混排效果。

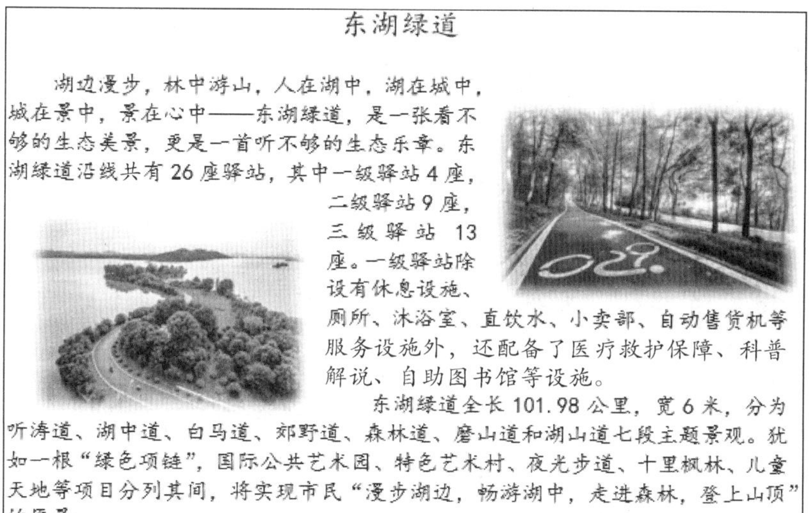

东湖绿道

湖边漫步，林中游山，人在湖中，湖在城中，城在景中，景在心中——东湖绿道，是一张看不够的生态美景，更是一首听不够的生态乐章。东湖绿道沿线共有 26 座驿站，其中一级驿站 4 座，二级驿站 9 座，三级驿站 13 座。一级驿站除设有休息设施、厕所、沐浴室、直饮水、小卖部、自动售货机等服务设施外，还配备了医疗救护保障、科普解说、自助图书馆等设施。

东湖绿道全长 101.98 公里，宽 6 米，分为听涛道、湖中道、白马道、郊野道、森林道、磨山道和湖山道七段主题景观。犹如一根“绿色项链”，国际公共艺术园、特色艺术村、夜光步道、十里枫林、儿童天地等项目分列其间，将实现市民“漫步湖边，畅游湖中，走进森林，登上山顶”的愿景。

图 4.2 图文混排

其操作步骤如下。

1）打开“D:\计算机应用基础实验素材\实验四”文件夹中的“东湖绿道.docx”文档，设置其标题文字为楷体，三号，居中，段后一行；正文文字为楷体，小四号。

2）将光标置于文档中，单击“插入”选项卡“插图”选项组中的“图片”按钮。

3）在弹出的“插入图片”对话框中选择“D:\计算机应用基础实验素材\实验四\图片”文件夹中的图片“东湖绿道-1.jpg”，则将这幅图片插入文档。

说明：在 Word 2016 中，插入的图片默认是嵌入式的，占据光标所在的位置，不能随意移动。通过重新设置图片的版式可以将嵌入式图片改为浮动式图片。

4）单击“图片工具-格式”选项卡“排列”选项组中的“环绕文字”下拉按钮，在其下拉列表中选择“紧密型环绕”选项，如图 4.3 所示。

图 4.3　“环绕文字”下拉列表

5）在“图片工具-格式”选项卡“大小”选项组中，设置图片的“高度”为“3.9 厘米”，并将其拖至文档右上角位置，如图 4.2 所示。

6）单击“图片工具-格式”选项卡“图片样式”选项组中的“其他”按钮，在其列表框中选择“柔化边缘矩形”样式。

7）在文档中插入图片“东湖绿道-2.jpg”，重复步骤 4）～步骤 6）对图片进行设置。

完成上述操作后，将文档以原文件名保存到学生文件夹中。

2. 插入自选图形

新建 Word 文档“自选图形练习. docx”，插入如图 4.4 所示的自选图形，并对自选图形进行组合设置。

提示：插入多个自选图形时，可选择“文件”→“选项”命令，在弹出的“Word 选项”对话框中选择“高级”选项卡，在“编辑选项”选项组中选中“插入自选图形时自动创建绘图画布”复选框。绘图画布有助于排列图形对象及图片，并可将它们作为一个单元移动。

其操作步骤如下。

1）添加自选图形。单击“插入”选项卡“插图”选项组中的“形状”下拉按钮，在其下拉列表中选择“基本形状”→“菱形”选项，在绘图画布中将菱形拖动到适当位置。按此操作将所需的自选图形逐一插入绘图画布适当位置。

提示：“哭脸”可通过向上拖动“笑脸”中的嘴巴弧线方向而成。在按住【Ctrl】键的同时使用【↑】【↓】【←】【→】方向键，可以比较精细地调整图片的位置。

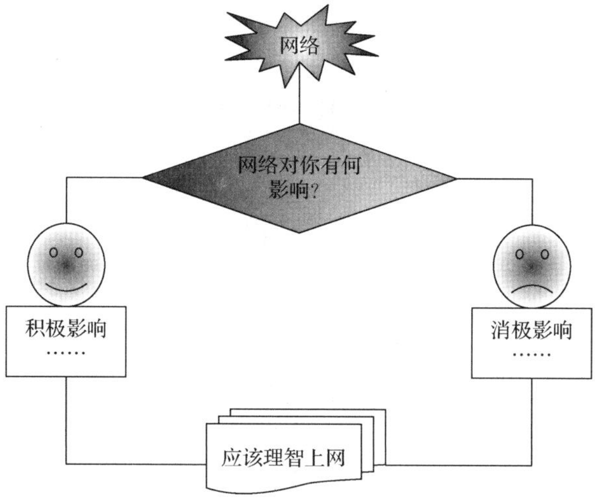

图 4.4　自选图形

2）添加文字。右击自选图形，在弹出的快捷菜单中选择“添加文字”命令，光标将出现在选定的自选图形中，输入所要添加的文字即可。

3）设置填充效果。选择要设置填充效果的图形，单击“绘图工具-格式”选项卡“形状样式”选项组中的“形状填充”下拉按钮，打开颜色面板，如图 4.5 所示。根据需要选择相应的填充方式做进一步设置。

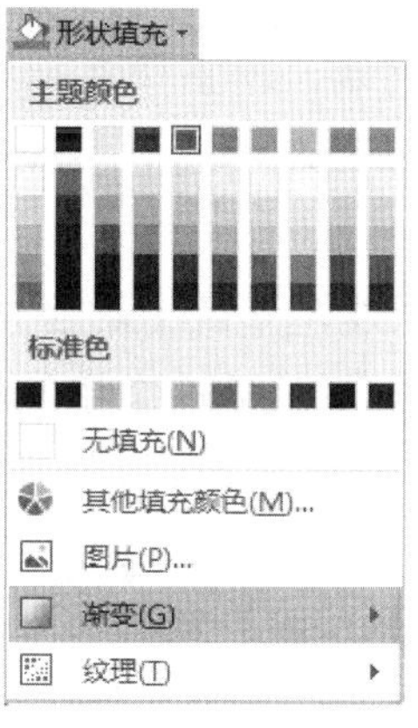

图 4.5　颜色面板

4）设置阴影。选定绘图画布中的所有对象，单击“绘图工具-格式”选项卡“形状样式”选项组中的“形状效果”下拉按钮，在其下拉列表中选择“阴影”→“外部”→“偏移：左下”选项。

若未使用绘图画布功能，可在各自选图形编辑完成后，选定所有相关对象后右击，在弹出的快捷菜单中选择“组合”命令，将所有选定的对象组合成一个对象。

完成上述操作后，以文档原文件名保存到学生文件夹中。

3. 长文档编排

对一篇长文档进行综合编排。利用“D:\计算机应用基础实验素材\实验四”文件夹中给定的“教材排版素材.docx”完成下列操作。

（1）文档格式设置

对“Word 排版素材.docx”文档设置如下格式。

1）文档的章标题。标题 1 的样式：宋体，二号，加粗，段前 1.5 行，段后 1.5 行，单倍行距，水平居中对齐。

2）节标题（如 4.1）。标题 2 的样式：黑体，小二号，加粗，段前 0.5 行，段后 0.5 行，2 倍行距。

3）小节标题（如 4.1.1）。标题 3 的样式：黑体，小三号，加粗，段前 20 磅，段后 20 磅，1.5 倍行距。

4）正文。正文的样式：宋体，小四号，段前 0 行，段后 0 行，1.3 倍行距，首行缩进 2 字符。

（2）页面设置

在文档最前面插入一页目录页，目录页纸张为 A4、纵向。文档采用自定义纸张（32cm×23cm），横向用纸，并将全文分为两栏，栏间距为 3 个字符。

注意：

1）将光标定位于文档首页最前端，单击“页面布局”选项卡“页面设置”选项组中的“分隔符”下拉按钮，在其下拉列表中选择“分节符”→“下一页”选项进行分节，然后分别设置第一节和第二节的页面。

2）如果分栏后最后一页两栏长度不一致（最后一栏较短），显得版面不太美观。可将光标移到最后一段的段落结尾处，在最后一个字符后面插入一个连续的分节符，即可平衡两栏文字长度。

（3）生成目录

在目录页自动生成三级目录，其中目录格式要求如下：一级目录为宋体、四号，加粗；二级目录为宋体、小四号，加粗；三级目录为宋体、小四号；行间距为 1.5 倍。自动生成的目录版面效果如图 4.6 所示。

（4）设置页眉/页脚

为文档设置首页和奇偶页不同的页眉和页脚：首页页眉为武汉城市学院徽标，奇数页眉为文档标题，偶数页眉为“计算机应用基础”，居中；页脚为页码，居中。其中，目录页码为罗马数字，正文页码为阿拉伯数字并从 1 开始。正文页眉/页脚奇数页、偶数页版面效果分别如图 4.7 和图 4.8 所示。

注意：在已经分节的前提下，分别设置第一节的页码格式为罗马数字，第二节的页码格式为阿拉伯数字，特别要注意第二节的页码起始编号从“1”开始。

完成上述操作后，将文件命名为“教材排版练习.docx”并保存到学生文件夹中。

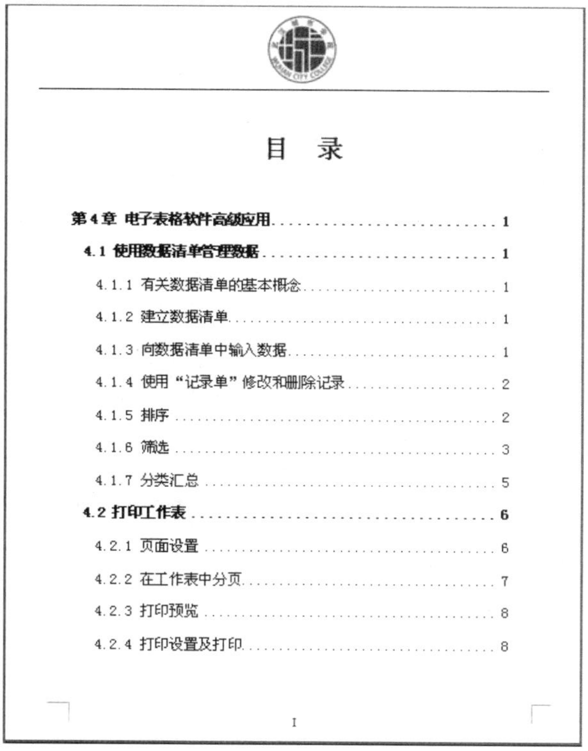

目 录

I

图 4.6 自动生成的目录版面效果

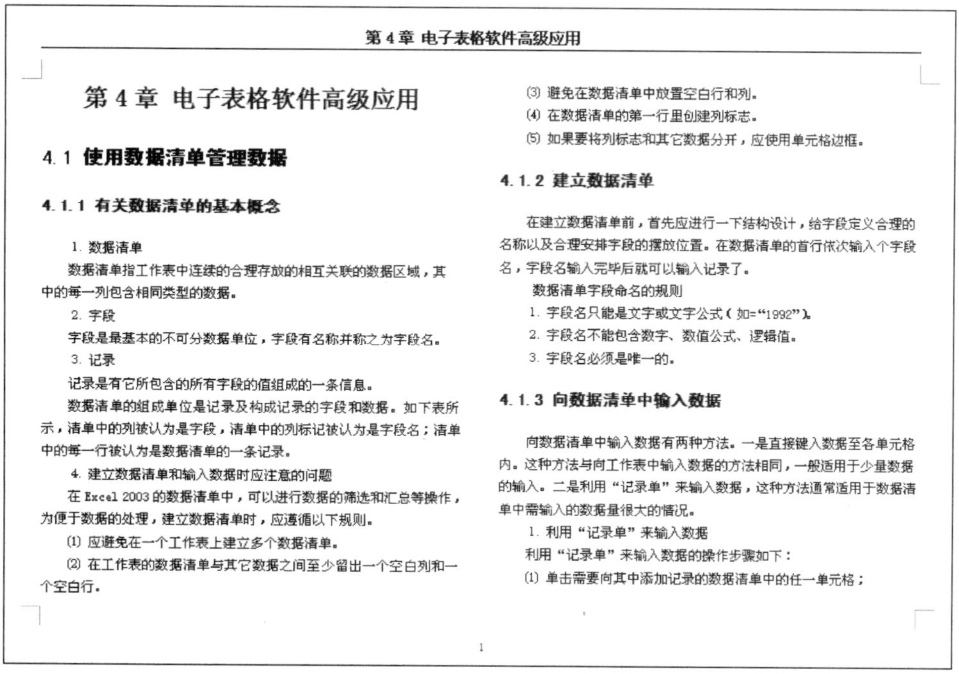

第 4 章 电子表格软件高级应用

第 4 章 电子表格软件高级应用

4.1 使用数据清单管理数据

4.1.1 有关数据清单的基本概念

1. 数据清单

数据清单指工作表中连续的合理存放的相互关联的数据区域，其中的每一列包含相同类型的数据。

2. 字段

字段是最基本的不可分数据单位，字段有名称并称之为字段名。

3. 记录

记录是有它所包含的所有字段的值组成的一条信息。

数据清单的组成单位是记录及构成记录的字段和数据。如下表所示，清单中的列被认为是字段，清单中的列标记被认为是字段名；清单中的每一行被认为是数据清单的一条记录。

4. 建立数据清单和输入数据时应注意的问题

在 Excel 2003 的数据清单中，可以进行数据的筛选和汇总等操作，为便于数据的处理，建立数据清单时，应遵循以下规则。

⑴ 应避免在一个工作表上建立多个数据清单。

⑵ 在工作表的数据清单与其它数据之间至少留出一个空白列和一个空白行。

⑶ 避免在数据清单中放置空白行和列。

⑷ 在数据清单的第一行里创建列标志。

⑸ 如果要将列标志和其它数据分开，应使用单元格边框。

4.1.2 建立数据清单

在建立数据清单前，首先应进行一下结构设计，给字段定义合理的名称以及合理安排字段的摆放位置。在数据清单的首行依次输入个字段名，字段名输入完毕后就可以输入记录了。

数据清单字段命名的规则

1. 字段名只能是文字或文字公式（如=“1992”）。

2. 字段名不能包含数字、数值公式、逻辑值。

3. 字段名必须是唯一的。

4.1.3 向数据清单中输入数据

向数据清单中输入数据有两种方法。一是直接键入数据至各单元格内。这种方法与向工作表中输入数据的方法相同，一般适用于少量数据的输入。二是利用“记录单”来输入数据，这种方法通常适用于数据清单中需输入的数据量很大的情况。

1. 利用“记录单”来输入数据

利用“记录单”来输入数据的操作步骤如下：

⑴ 单击需要向其中添加记录的数据清单中的任一单元格；

1

图 4.7 正文页眉/页脚版面效果（奇数页）

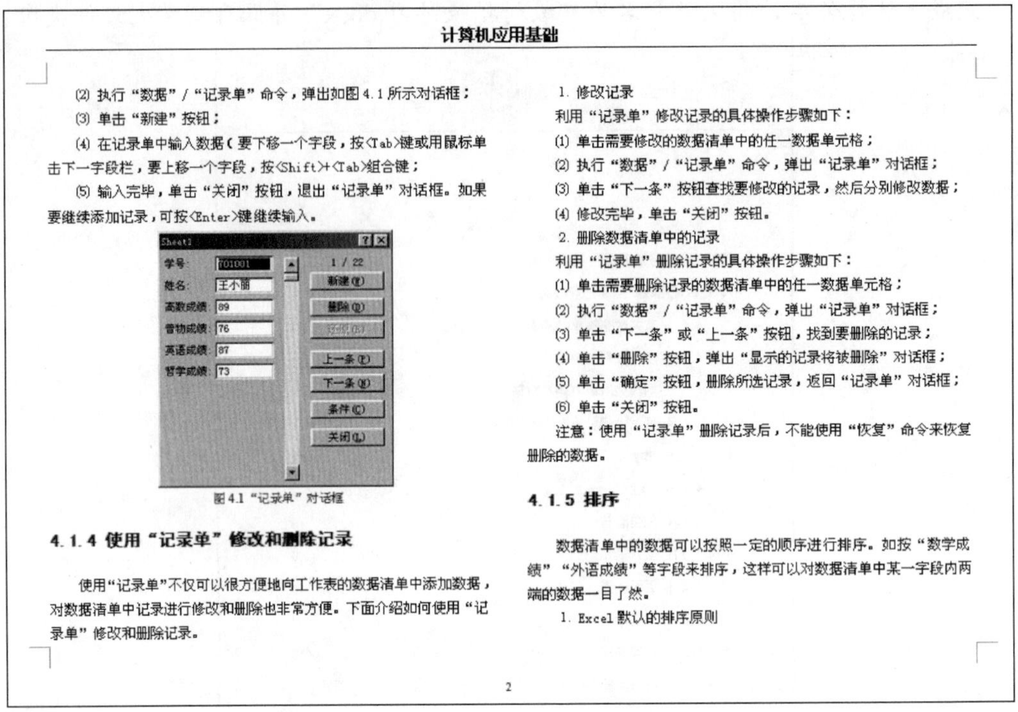

计算机应用基础

(2) 执行“数据”/“记录单”命令，弹出如图 4.1 所示对话框；

(3) 单击“新建”按钮；

(4) 在记录单中输入数据（要下移一个字段，按<Tab>键或用鼠标单击下一字段栏，要上移一个字段，按<Shift>+<Tab>组合键；

(5) 输入完毕，单击“关闭”按钮，退出“记录单”对话框。如果要继续添加记录，可按<Enter>键继续输入。

图 4.1 “记录单”对话框

4.1.4 使用“记录单”修改和删除记录

使用“记录单”不仅可以很方便地向工作表的数据清单中添加数据，对数据清单中记录进行修改和删除也非常方便。下面介绍如何使用“记录单”修改和删除记录。

1. 修改记录

利用“记录单”修改记录的具体操作步骤如下：

(1) 单击需要修改的数据清单中的任一数据单元格；

(2) 执行“数据”/“记录单”命令，弹出“记录单”对话框；

(3) 单击“下一条”按钮查找要修改的记录，然后分别修改数据；

(4) 修改完毕，单击“关闭”按钮。

2. 删除数据清单中的记录

利用“记录单”删除记录的具体操作步骤如下：

(1) 单击需要删除记录的数据清单中的任一数据单元格；

(2) 执行“数据”/“记录单”命令，弹出“记录单”对话框；

(3) 单击“下一条”或“上一条”按钮，找到要删除的记录；

(4) 单击“删除”按钮，弹出“显示的记录将被删除”对话框；

(5) 单击“确定”按钮，删除所选记录，返回“记录单”对话框；

(6) 单击“关闭”按钮。

注意：使用“记录单”删除记录后，不能使用“恢复”命令来恢复删除的数据。

4.1.5 排序

数据清单中的数据可以按照一定的顺序进行排序。如按“数学成绩”“外语成绩”等字段来排序，这样可以对数据清单中某一字段内两端的数据一目了然。

1. Excel 默认的排序原则

2

图 4.8 正文页眉/页脚版面效果（偶数页）

实验五　Word 表格制作

实验目的

1．掌握表格的基本制作方法。

2．掌握表格数据的输入、编辑方法。

3．掌握表格的格式化。

4．掌握表格的排序与计算。

5．了解图表的生成。

知识要点

在日常的文档处理中经常会用到表格，通过表格可以把文字信息（尤其是数据和列表资料）组织得更有条理，使文档更加清晰明了。

表格由行和列组成，行与列的交叉处形成的小格称为单元格。在单元格内除了可以插入文本和数字外，还可以输入计算公式、图片、声音、图像等多媒体信息，构成更有吸引力的版面。

1．创建表格

单击“插入”选项卡“表格”选项组中的“表格”下拉按钮，在其下拉列表（图 5.1）中选择如下方法插入表格。

1）在其下拉列表的网格上拖动选择所需的行列数单元格，可以插入最多 10 列 8 行的表格。

2）选择“快速表格”选项，打开内置表格库，利用内置表格模板生成有格式的表格。

3）选择“插入表格”选项，弹出“插入表格”对话框，如图 5.2 所示，指定所需表格行数、列数后，单击“确定”按钮。

4）选择“绘制表格”选项，鼠标指针变成“铅笔”形状，按住鼠标左键移动鼠标指针，可以画横线、竖线和斜线，从而绘制出复杂的或格式不固定的表格。

2．表格的编辑及外观修饰

表格的编辑包括在已有表格中插入或删除行、列、单元格；修改表格的行高、列宽；拆分与合并单元格；移动和复制表格中的行、列、单元格；编辑表格内容；处理表格中的数据。不管对表格中的行、列、单元格进行何种处理，都必须先选定相应的对象。

创建表格后 Word 2016 会自动显示“表格工具-设计”和“表格工具-布局”两个选项卡，如图 5.3 所示。

图 5.1　“表格”下拉列表

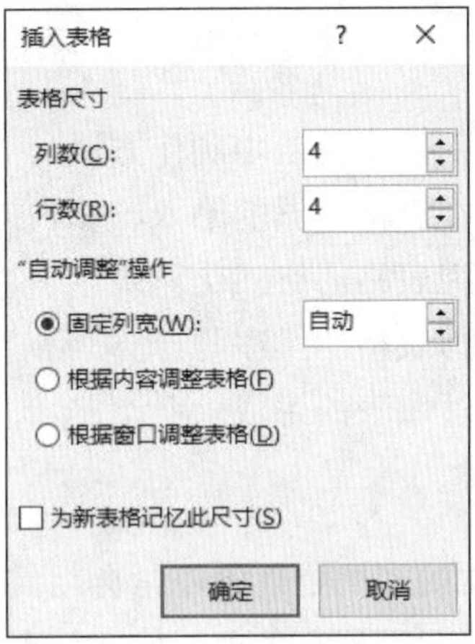

图 5.2　“插入表格”对话框

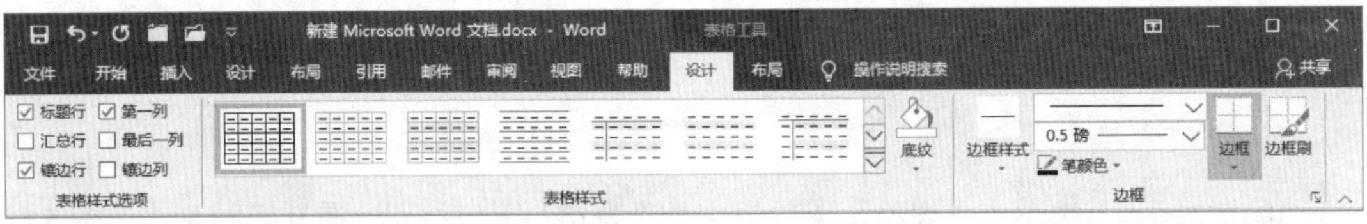

（a）“表格工具-设计”选项卡

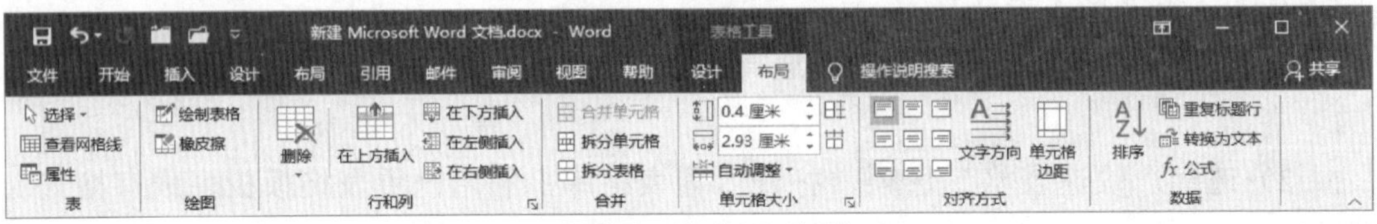

（b）“表格工具-布局”选项卡

图 5.3　表格工具

利用“表格工具-设计”选项卡“表格样式”选项组和“边框”选项组中的按钮可以对表格的外观进行修饰，使表格内容更加清晰；也可以直接从“表格样式”选项组中选择合适的样式来修饰表格。

3. 图表的生成

用图表的形式表示表格中的数字关系是一种常用的统计方式，Word 提供了以表格的部分或全部数据生成各种统计图的功能，如直方图、饼图、折线图等，以达到图文并茂的效果。

实验内容及步骤

1. 表格的基本制作方法

创建如表 5.1 所示的表格。以 B 列为主要关键字递增、M 列为次要关键字递减、类型为“数字”，进行有标题行排序；文字对齐方式为水平居中；加 1.5 磅红色方框，线形为默认样式。最后，将文件以“表格 1. docx”为文件名保存到学生文件夹中。

表 5.1　表格 1

A	B	C	M
65	68	80	71
85	78	90	83
90	78	81	90

其操作步骤如下。

1）打开 Word 2016，新建一个文档，单击“插入”选项卡“表格”选项组中的“表格”下拉按钮，在其下拉列表中选择“插入表格”选项。

2）在弹出的“插入表格”对话框中，设置“表格尺寸”选项组中的“列数”为“4”，“行数”为“4”，如图 5.2 所示，单击“确定”按钮。

3）依照样式输入每个单元格中的内容。

4）选定表格，单击“表格工具-布局”选项卡“数据”选项组中的“排序”按钮，弹出“排序”对话框，如图 5.4 所示。在“主要关键字”和“次要关键字”下拉列表中依次选择“B”和“M”，在其后的“类型”下拉列表中选择“数字”选项，设置 B 列为“升序”、M 列为“降序”，在“列表”选项组中选中“有标题行”单选按钮，单击“确定”按钮。

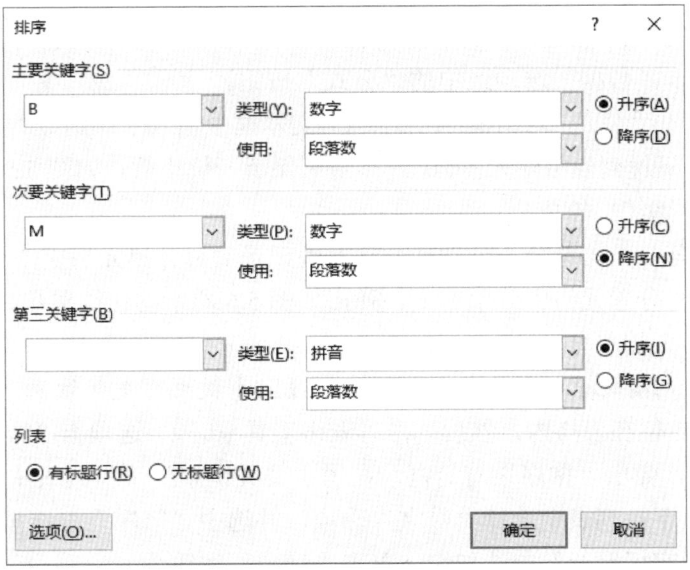

图 5.4　“排序”对话框

5）单击表格左上角出现的小方格选定整张表格，单击“表格工具-布局”选项卡“对齐方式”选项组中的“水平居中”按钮。

6）单击“表格工具-设计”选项卡“边框”选项组中的“边框”下拉按钮，在其下拉列表中选择“边框和底纹”命令。

7）弹出“边框和底纹”对话框，在“边框”选项卡“设置”选项组中选择“方框”，在“样式”列表框中选择第一种（默认类型），在“颜色”下拉列表中选择“红色”，在“宽度”下拉列表中选择“1.5 磅”，单击“确定”按钮。

8）制作完成后，单击快速访问工具栏中的“保存”按钮，将文件命名为“表格 1. docx”并保存到学生文件夹中。

2. 排序与计算

创建如表 5.2 所示的表格。利用公式计算每位学生的总分，按“体育”成绩由高到低排序。在最后插入一个空行，行标题为“各科平均分”，计算各单科的平均成绩，最后将文件命名为“成绩.docx”并保存到学生文件夹中。

表 5.2 成绩

姓名	数学	计算机	体育	总分
陈红	90	78.5	81	
王小青	85.5	78	90	
李卫	65	68	80	

其操作步骤如下。

1）单击“插入”选项卡“表格”选项组中的“表格”下拉按钮，在其下拉列表中的网格上拖出一个 4 行 5 列的表格，输入数据。

2）将光标定位在“陈红”的总分单元格中（即第二行第五列中），单击“表格工具-布局”选项卡“数据”选项组中的“公式”按钮。

3）此时，弹出“公式”对话框。在“公式”文本框中输入求和函数“=SUM（LEFT）”，在“编号格式”下拉列表中输入“0.0”，即结果保留一位小数，如图 5.5 所示。单击“确定”按钮得到“陈红”的总分。

4）复制“陈红”的总分，分别粘贴到其他记录的总分单元格中。

5）在其他总分单元格中分别右击，弹出如图 5.6 所示的快捷菜单，选择“更新域”命令，更新每个人的总分。

说明：选定所有记录的总分单元格后，按【F9】键也可更新结果。

6）将光标定位在表格内，然后单击“表格工具-布局”选项卡“数据”选项组中的“排序”按钮，弹出“排序”对话框，在“主要关键字”下拉列表中选择“体育”选项，在“类型”下拉列表中选择“数字”选项，并选中“降序”单选按钮，在“列表”选项组中选中“有标题行”单选按钮，单击“确定”按钮。

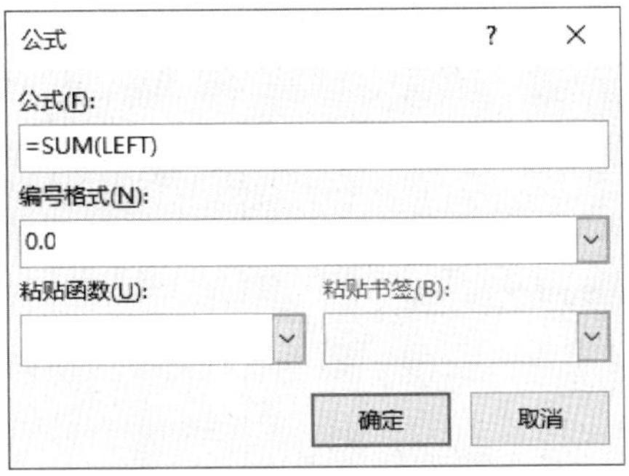

图 5.5 “公式”对话框

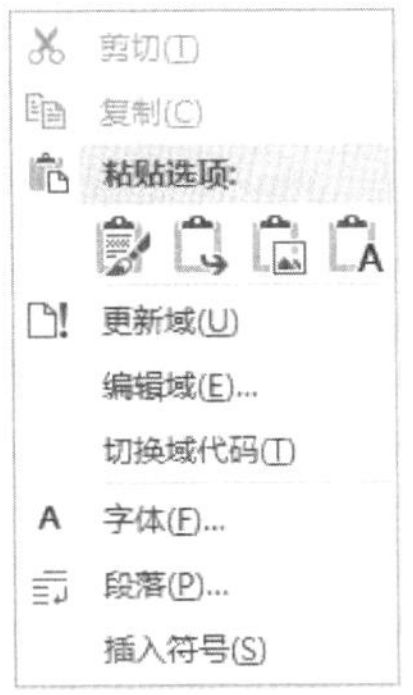

图 5.6 选择“更新域”命令

7）将光标定位在最后一行，单击“表格工具-布局”选项卡“行和列”选项组中的“在下方插入”按钮，插入一个空行，行标题为“各科平均分”，分别在该行的第 2 列～第 5 列单元格中用公式“AVERAGE（ABOVE）”计算每门课程的平均分。

8）将文件命名为“成绩.docx”并保存，结果如表 5.3 所示。

表 5.3 汇总的成绩

姓名	数学	计算机	体育	总分
王小青	85.5	78	90	253.5
陈红	90	78.5	81	249.5
李卫	65	68	80	213.0
各科平均分	80.17	74.83	83.67	

注意：公式中不能输入全角标点符号，否则系统将显示“语法错误”。

3. 表格的格式化

设置第一列的列宽为 3 厘米；将第一行单元格中的字体设为楷体、小四号、水平居中，并添加浅黄色的底色；设置表格第二行的上线框和第一列的右线框为 0.5 磅的双线，表格的外边框为 1.5 磅的蓝色单线。

其操作步骤如下。

1）打开前面建立的成绩表格文档“成绩.docx”。将鼠标指针移动到第一列的正上方，待指针状态变成向下的箭头时单击，即可选定第一列。右击第一列，在弹出的快捷菜单中选择“表格属性”命令，弹出“表格属性”对话框，在“列”选项卡中将“指定宽度”设置为 3 厘米，如图 5.7 所示。

2）将光标移动到表格第一行的左侧空白处，当指针形状变成向右的箭头时单击，即可选定第一行，在“开始”选项卡“字体”选项组中设置字体为楷体、小四号。

3）单击“表格工具-布局”选项卡“对齐方式”选项组中的“水平居中”按钮。

4）单击“表格工具-设计”选项卡“边框”选项组中的“边框”下拉按钮，在其下拉列表中选择“边框和底纹”命令，弹出“边框和底纹”对话框，在“底纹”选项卡的

“填充”下拉列表中选择“浅黄”选项。

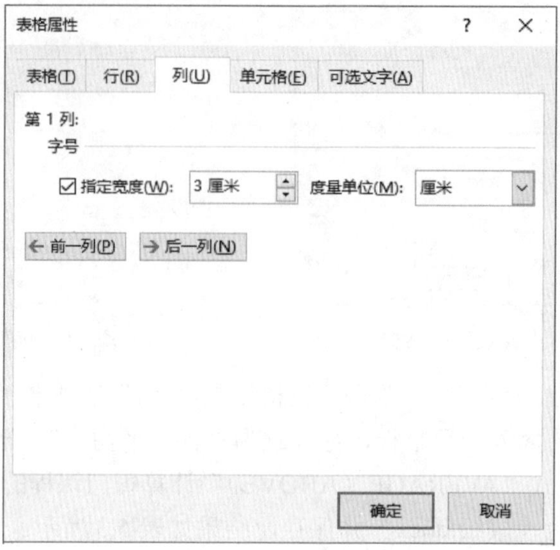

图 5.7 “表格属性”对话框

5）选定表格第二行，在“表格工具-设计”选项卡“边框”选项组中，选择线型为双线，线宽为“0.5 磅”。

6）单击“表格工具-设计”选项卡“边框”选项组中的“边框”下拉按钮，在其下拉列表中选择“上框线”选项。

7）同样，选定第一列后，在“边框”下拉列表中选择“右框线”选项。

8）选定整个表格，单击“表格工具-设计”选项卡“边框”选项组中的“边框”下拉按钮，在其下拉列表中选择“边框和底纹”命令，弹出“边框和底纹”对话框。在“样式”下拉列表中选择“单线”，在“颜色”下拉列表中选择“蓝色”，在“宽度”下拉列表中选择“1.5 磅”，然后分别单击右侧“预览”选项组中的 4 个表示上、下、左、右的按钮、、、。

9）操作完成后，将文件以原名“成绩. docx”保存到学生文件夹中。其效果如图 5.8 所示。

姓名	数学	计算机	体育	总分
陈红	90	78.5	81	249.5
王小青	85.5	78	90	253.5
李卫	65	68	80	213.0
各科平均分	80.17	74.83	83.67	238.67

图 5.8 表 5.3 设置格式后的效果

4. 文本与表格互换

（1）表格转换为文本

将前面建立的成绩表转换为文本。其操作步骤如下。

1）打开前面建立的成绩表格文档“成绩.docx”，在文档中复制一张成绩表。

2）选中复制的成绩表，单击“表格工具-布局”选项卡“数据”选项组中的“转换为文本”按钮，打开“表格转换成文本”对话框，在“文字分隔符”选项组中选中“制表符”单选按钮，单击“确定”按钮，即可将复制的成绩表转换成文本形式。

3）操作完成后，以原文件名“成绩. docx”保存至学生文件夹。

（2）文本转换为表格

将“东湖之园.docx”文档中的部分文本转换成表格，表格中的文字大小设置为“小四”，字体设置为“仿宋_GB2312”。然后在表格的右侧插入一列，并在表格的第二列中进行单元格合并。其操作步骤如下。

1）打开“D:\计算机应用基础实验素材\实验四”文件夹中的“东湖之园.docx”文档，选定文档中的第 1 段～第 4 段的文字。

2）单击“插入”选项卡“表格”选项组中的“表格”下拉按钮，在其下拉列表中选择“文本转换成表格”选项，弹出“将文字转换成表格”对话框。

3）在“表格尺寸”选项组中设置“列数”为“1”，在“文字分隔位置”选项组中选中“段落标记”单选按钮，单击“确定”按钮，该文本将转换成一个 4 行 1 列的表格。

4）单击表格左上角的小方格，选定整张表格，然后在“开始”选项卡的“字体”选项组中，设置“字体”为“仿宋_GB2312”，“字号”为“小四”。

5）右击表格右侧空白处，在弹出的快捷菜单中选择“插入”→“在右侧插入列”命令。

6）选定要合并的 B1、B2 单元格，单击“表格工具-布局”选项卡“合并”选项组中的“合并单元格”按钮。按同样的操作合并 B3、B4 单元格，结果如表 5.4 所示。

表 5.4 文本转换为表格

东湖梅园	
武汉东湖梅园居全国四大梅园之首，是全国著名的赏梅胜地，又是我国梅花研究中心所在地。东湖梅园占地 800 余亩，地栽梅花近万株，梅花品种多达 300 余种。内有中国梅文化馆，展示梅文化精华。	
东湖磨山樱园	
武汉东湖磨山樱园位于梅园近旁的磨山南麓，占地约 150 亩，有樱花树 5000 余株。武汉东湖磨山樱园与日本青森县的弘前樱花园、美国的华盛顿州樱花园并称为世界三大樱花之都。	

7）将光标定位在表格的第二列的上单元格，将“D:\计算机应用基础实验素材\实验五\图片”中的“梅园.jpg”插入光标所在的位置，设置图片为“紧密型”环绕方式，图片样式为“居中矩形投影”，适当调整图片大小。

8）在表格第二列下单元格中插入图片“樱园.jpg”，图片设置同上。

9）操作完成后，将文件命名为“东湖梅园&樱园.docx”并保存到学生文件夹中。其参考结果如图 5.9 所示。

注意：要转换的文本中不能使用全角符号作为分隔符，必须使用半角符号，否则 Word 不识别分隔符。

东湖梅园	
武汉东湖梅园居全国四大梅园之首，是全国著名的赏梅胜地，又是我国梅花研究中心所在地。占地 800 余亩，地栽梅花近万株，梅花品种 309 个。内有中国梅文化馆，展示梅文化精华。	
东湖磨山樱园	
武汉东湖磨山樱园位于梅园近旁的磨山南麓，占地 150 亩，有樱花树 5000 株。武汉东湖磨山樱园与日本青森县的弘前樱花园，美国的华盛顿州樱花园并称为世界三大樱花之都。	

图 5.9　东湖梅园&樱园. docx 排版参考结果

练习：参考图 5.10 所示的课程表，按照表格制作方法，结合本学期的实际创建课程表，并保存在学生文件夹中，文件名为“课程表.docx”。

课　程　表

星期 节次		星期一	星期二	星期三	星期四	星期五
上午	第一二节	大学英语 I 北 5006 [7-18]周 邵敏	高等数学(二) 北 4014 [7-18]周 孙美满		高等数学(二) 南 7302 [6-18]周 孙美满	
	第三四节	计算机基础 S302 [8-17]周 聂玉峰	计算机基础 南 4404 [7-17]周 聂玉峰	应用文写作 南 5204 [7-18]周 李程	大学英语 I 语音室 308 [6-16]周 刘晶	高等数学(二) 北 4001 [6-18]周 孙美满
午　休						
下午	第五六节	思品与法律 南 5402 [7-18]周 王波			计算机基础 南 4404 [6-16]周 聂玉峰	
	第七八节				体育 [7-17]周	

图 5.10　“课程表”示例

5. 图表的生成

根据表 5.2 所示的成绩表生成三维簇状柱形图，其操作步骤如下。

1）单击“插入”选项卡“插图”选项组中的“图表”按钮，弹出“插入图表”对话框，如图 5.11 所示。

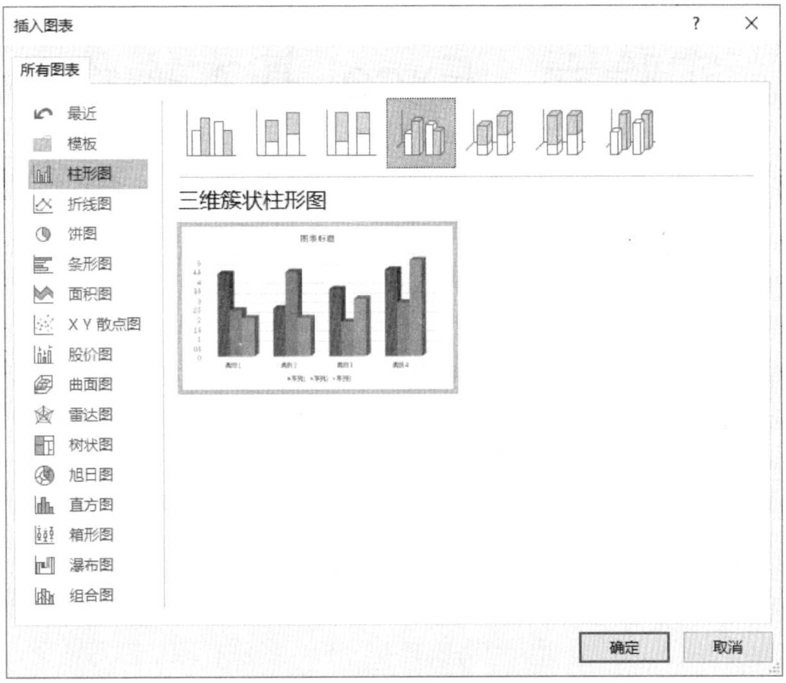

图 5.11　“插入图表”对话框

2）在“插入图表”对话框中选择“三维簇状柱形图”，单击“确定”按钮，系统将并排打开一个 Excel 窗口。

3）将成绩表中除“总分”列以外的其余 4 列数据复制、粘贴到 Excel 窗口中。Word 窗口中将同步显示图表结果，如图 5.12 所示。

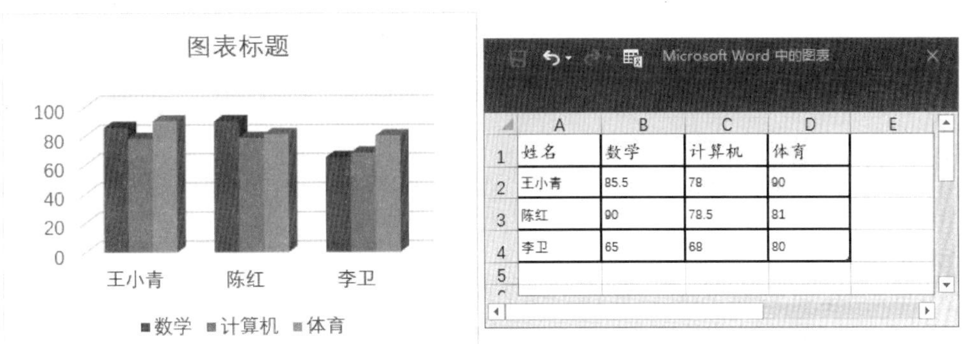

图 5.12　由成绩表生成的图表

4）关闭 Excel 窗口，在 Word 窗口中可以看到创建完成的图表。

图表插入后会自动显示“图表工具-设计”和“图表工具-格式”两个选项卡，利用它们可以对图表进行编辑和修改。

实验六　Excel 基本操作

实验目的

1．掌握 Excel 2016 的启动与退出方法。

2．掌握建立、保存、打开、关闭 Excel 文件的方法。

3．掌握在工作表中输入数据的方法。

4．掌握复制、删除、重命名工作表的方法。

5．熟练设置工作表的格式（字体、颜色、边框、底纹、对齐方式等）。

6．掌握条件格式的使用。

知识要点

Excel 是一个功能强大的电子表格软件，是 Office 办公系统软件的重要组成部分。Excel 2016 具有强大的数据计算与分析功能，可以将数据以各种统计图表的形式形象地表现出来，广泛应用于统计分析、财务管理和分析、经济行政管理等各个方面，深受广大办公、统计和财务人员的青睐。

1．启动 Excel 2016

启动 Excel 2016 有以下 3 种方法。

1）选择“开始”→“Microsoft Office 2016”→“Excel 2016”命令，启动 Excel 2016 程序。

2）如果需要经常启动 Excel 2016，可以在 Windows 桌面上创建其快捷方式，只需双击其快捷方式图标即可启动 Excel 2016。

3）打开一个 Excel 工作簿文件也能启动 Excel 2016。

2．退出 Excel 2016

当完成工作要退出 Excel 2016 时，可采用下列 3 种方法。

1）选择“文件”→“关闭”命令。

2）单击 Excel 2016 的标题栏右上角的“关闭”按钮。

3）按【Alt+F4】组合键。

在退出 Excel 2016 时，如果没有保存当前的工作簿文件，会弹出一个提示对话框，询问是否保存所做的修改。

3．Excel 2016 窗口

Excel 2016 窗口中包含快速访问工具栏、标题栏、“文件”菜单、其他各类选项卡及功能区、编辑栏、工作表编辑区和状态栏等。

工作簿是 Excel 用来计算和存储数据的文件。每个工作簿都由若干工作表组成。第一次打开文档时，出现在工作簿窗口中的工作表是第一张工作表。使用工作表可以对数据进行组织和分析。

实验内容及步骤

1. 创建一个 Excel 工作簿

创建 Excel 工作簿的方法有以下 3 种。

1）选择“开始”→“Microsoft Office 2016”→“Excel 2016”命令，此时会创建一个空白工作簿，即 Excel 会自动打开一个名为“工作簿 1”的空白工作簿。创建工作簿时，Excel 将自动以工作簿 1、工作簿 2、工作簿 3……的顺序给新的工作簿命名。

2）启动 Excel 2016，选择“文件”→“新建”命令，打开如图 6.1 所示的“新建”工作簿窗口，单击“空白工作簿”图标，即可创建一个空白工作簿。

图 6.1 “新建”工作簿窗口

3）选择工作簿文件将要保存的文件夹，右击文件夹窗口空白处，在弹出的快捷菜单中选择“新建”→“Microsoft Excel 工作表”命令，即可建立一个名为“新建 Microsoft Excel 工作表”的空白工作簿。通过为文件重命名可以修改工作簿名称，然后双击工作簿图标即可打开工作簿进行编辑。

2. 输入数据

输入如图 6.2 所示的数据，其具体操作步骤如下。

1）在新建工作簿窗口中，选择 Sheet1 工作表。

2）单击 A1 单元格，输入“学号”。

3）单击 B1 单元格，输入“姓名”。

4）按照以上步骤依次输入“数学”“英语”“计算机”（学号及各科成绩数据暂时不输入）。

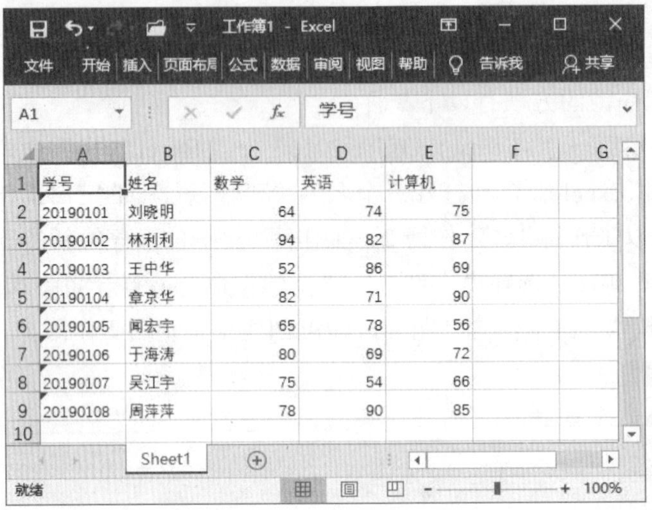

学号	姓名	数学	英语	计算机
20190101	刘晓明	64	74	75
20190102	林利利	94	82	87
20190103	王中华	52	86	69
20190104	章京华	82	71	90
20190105	闻宏宇	65	78	56
20190106	于海涛	80	69	72
20190107	吴江宇	75	54	66
20190108	周萍萍	78	90	85

图 6.2　学生成绩表

3. 使用填充柄填充数据

使用“填充柄”完成“学号”列的数据填充。

【方法一】

1）在单元格 A2 中输入“'20190101”（注意：学号为字符，输入时需加上一个半角单引号）。

2）将鼠标指针指向单元格 A2 的右下角，鼠标指针变成“十”字形。

3）从单元格 A3 拖动至单元格 A9。

4）释放鼠标左键，此时单元格区域 A3～A9 自动填充了“20190102”“20190103”“20190104”“20190105”“20190106”“20190107”“20190108”。

【方法二】

1）右击单元格 A2，在弹出的快捷菜单中选择“设置单元格格式”命令，弹出“设置单元格格式”对话框，如图 6.3 所示。

2）在“数字”选项卡的“分类”列表框中选择“文本”选项，单击“确定”按钮。

3）在单元格 A2 中输入“20190101”。

4）将鼠标指针指向单元格 A2 的右下角，鼠标指针变成“十”字形。

5）从单元格 A3 拖动至单元格 A9。

6）释放鼠标左键，此时单元格区域 A3～A9 自动填充了“20190102”“20190103”“20190104”“20190105”“20190106”“20190107”“20190108”。

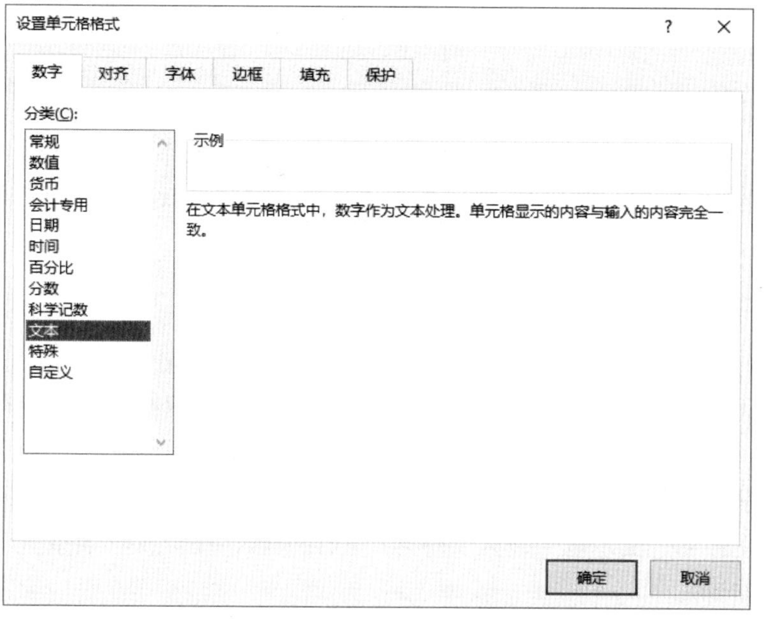

图 6.3 “设置单元格格式”对话框

4. 设置数据的合法性检查

为“数学”“英语”“计算机”3 列指定输入数据的有效性范围为 0～100 的实数。其操作步骤如下。

1）选中单元格区域 C2:E9。

2）单击“数据”选项卡“数据工具”选项组中的“数据验证”下拉按钮，在其下拉列表中选择“数据验证”选项，弹出“数据验证”对话框。

3）在“数据验证”对话框中设置有效性条件，如图 6.4 所示。

图 6.4 “数据验证”对话框

4）切换至“出错警告”选项卡，设置当输入无效数据时显示“成绩应在 0～100 之间！”。

5）依次输入各科成绩数据。

说明：此方法只能限制手工输入的内容，对复制粘贴操作无法进行限制。对于复制粘贴的数据，可以在“数据验证”下拉列表中选择“圈释无效数据”选项，对不符合要求的数据自动添加标识圈。

5. 保存工作簿

将创建的工作簿命名为“Ex1. xlsx”并保存到学生文件夹中。

1）选择“文件”→“另存为”命令或单击快速访问工具栏中的“保存”按钮，打开“另存为”窗口，单击“浏览”按钮，弹出“另存为”对话框。

2）进入学生文件夹中的“Documents”子文件夹。

3）在“文件名”文本框中输入文件名“Ex1.xlsx”，在“保存类型”下拉列表中选择“Excel 工作簿”。

4）单击“保存”按钮完成操作。

练习：输入同学通讯录，通过“数据验证”控制手机号码为 11 位。

6. 复制、移动、删除、重命名工作表

将 Ex1. xlsx 的 Sheet2 和 Sheet3 工作表删除；将 Sheet1 工作表复制到文件 Ex2. xlsx，并更名为“成绩表”；将文件 Ex1. xlsx 和 Ex2. xlsx 都以原文件名保存。其操作步骤如下。

1）新建一个工作簿，保存文件并命名为“Ex2.xlsx”。

2）打开 Ex1.xlsx，右击 Sheet2 工作表标签，在弹出的快捷菜单中选择“删除”命令。

3）右击 Sheet3 工作表标签，在弹出的快捷菜单中选择“删除”命令。

4）右击 Sheet1 工作表标签，在弹出的快捷菜单中选择“移动或复制”命令。

5）弹出“移动或复制工作表”对话框，如图 6.5 所示。在“工作簿”下拉列表中选择“Ex2.xlsx”选项，在“下列选定工作表之前”列表框中选择“Sheet1”选项，选中“建立副本”复选框，单击“确定”按钮。如果取消选中“建立副本”复选框，则 Sheet1 工作表会移动到新工作簿中，原 Ex1.xlsx 中将不存在 Sheet1 工作表。

6）在 Ex2. xlsx 工作簿中右击 Sheet1（2）工作表标签，在弹出的快捷菜单中选择“重命名”命令。

7）Sheet1（2）将反白显示，输入新名称“成绩表”，按【Enter】键。

8）将 Ex1. xlsx 和 Ex2. xlsx 工作簿以原名保存后，关闭 Excel 窗口。

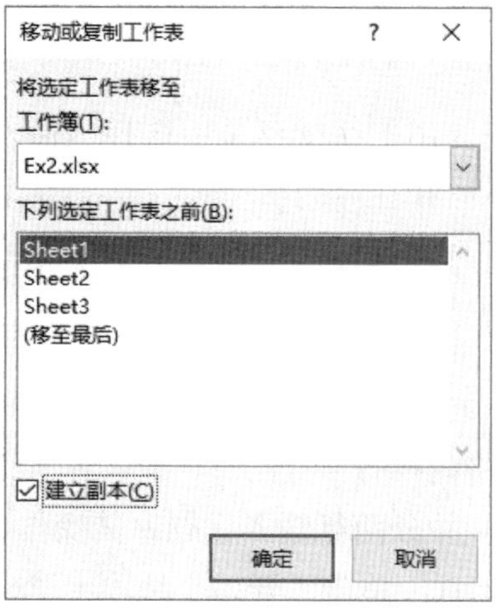

图 6.5 “移动或复制工作表”对话框

7. 插入行和列

打开“D:\计算机应用基础实验素材\实验六”文件夹中的 Ex3.xlsx 工作簿，将 Sheet1 工作表重命名为“旅游报名表”，如图 6.6 所示。

	A	B	C	D	E	F
1	序号	姓名	性别	身份证号码	联系电话	备注
2		陆俊宇	女	610830198402241000	13007893010	
3		张栋梁	女	321012198607065000	15874568526	
4		吴 涵	女	441622198405248000	13697111222	机场等
5		梁 毓	女	370827196512111000	13797165726	
6		徐 克	男	370126197910106934	13697186655	
7		谢圣东	男	620724195205018756	13695666558	
8		焦 靖	男	440116198501115151	15874568545	
9		刘 毅	男	440514197604137294	13007893087	机场等
10		赵子阳	男	542229199112207498	13007896564	
11		周想想	男	411302199810221656	15867675644	
12		蔡家劲	男	330621198009108294	15001102568	
13		董 奥	男	441427198003016253	15007895568	
14		张 蒲	男	510184196304274951	15885656565	
15		高 森	女	350725197909209525	18021986070	
16		李 溪	男	341221198007174619	18785011151	
17		王 子	男	640502200109092413	15789844353	
18		刘正一	男	211101198011101594	13198012149	机场等
19		闫飞翔	男	430623195508247295	15988051513	
20		邱祥志	男	45060119810927913X	18981052735	
21		王 硕	男	430101195611157119	13804017197	

旅游报名表 | Sheet2 | Sheet3

图 6.6 “旅游报名表”工作表

在标题行上方插入两行；在“性别”列前面插入一列，输入标题“出生年月”；在“身份证号码”列前面插入一列，输入标题“年龄”。其操作步骤如下。

1）选定第一行和第二行，右击，在弹出的快捷菜单中选择“插入”命令，即可插入两行。

2）右击“性别”列，在弹出的快捷菜单中选择“插入”命令，即可在其前面插入一整列，在单元格 C1 中输入“出生年月”。

3）右击“身份证号码”列，在弹出的快捷菜单中选择“插入”命令，即可在其前面插入一列，在单元格 E1 中输入“年龄”。

8. 设置工作表的格式

（1）合并单元格，单元格内换行

合并单元格区域 A1:H1，并分两行输入标题。其操作步骤如下。

1）选定单元格区域 A1:H1，单击“开始”选项卡“对齐方式”选项组中的“合并后居中”按钮，合并单元格区域 A1:H1，并输入文字“旅游行程安排”。

2）将光标定位在“旅游行程安排”末，按【Alt+Enter】组合键，另起一行，输入文字“(报名表)”。

（2）序列填充

用“自动填充”的方法在单元格区域 A4:A23 中填入序号。其操作步骤如下。

1）分别在单元格 A4 和 A5 中输入“1”和“2”，然后选定这两个单元格。

2）将鼠标指针定位在 A5 单元格的右下角，当鼠标指针变成“十”字形后，向下拖动鼠标至 A23 单元格，则鼠标拖过的区域将自动填充序号。

（3）设置单元格格式

设置标题“旅游行程安排（报名表）”字体为“宋体”，字号为 18 磅，加粗，深蓝色；第三行标题名称的字体为“幼圆”，字号为 12 磅，加粗，白色，填充深红色，居中对齐（水平、垂直都居中）。为单元格区域 A1:H23 添加红色粗线的外框，按行交替填充浅橙色。其操作步骤如下。

1）单击标题所在的单元格 A1，在“开始”选项卡“字体”选项组的“字体”下拉列表中选择“宋体”，在“字号”下拉列表中选择“18”，单击“加粗”按钮，单击“字体颜色”下拉按钮，在打开的颜色面板中选择“深蓝”。

2）选定单元格区域 A3:H3（标题行），设置字体为“幼圆”，字号为 12 磅，加粗，白色。

3）右击单元格区域 A3:H3，在弹出的快捷菜单中选择“设置单元格格式”命令。

4）弹出“设置单元格格式”对话框，在“填充”选项卡的“背景色”颜色面板中选择“深红色”，如图 6.7 所示。

5）同上，在“对齐”选项卡中设置“水平对齐”和“垂直对齐”均为“居中”，如图 6.8 所示，单击“确定”按钮。

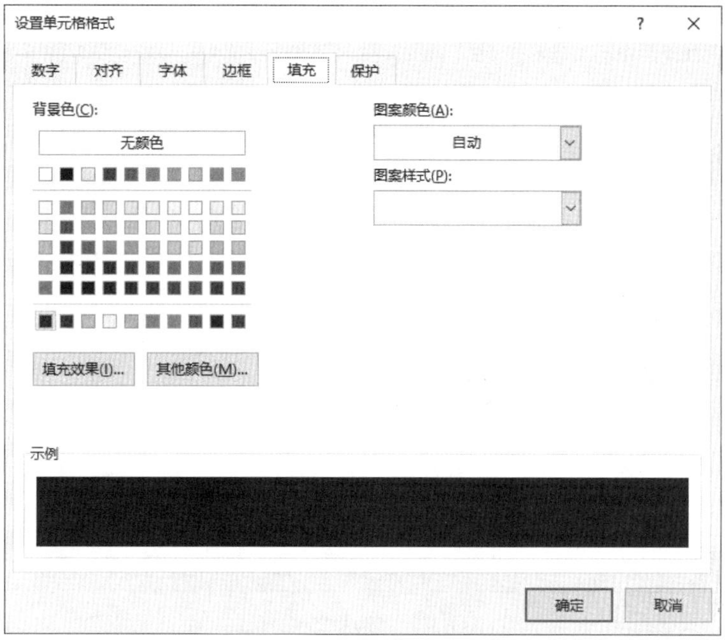

图 6.7　“填充”选项卡

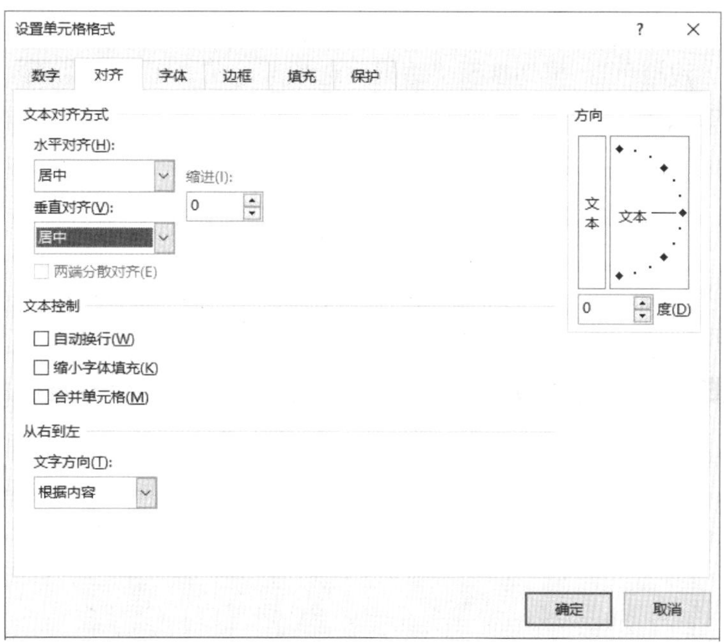

图 6.8　“对齐”选项卡

6）选定单元格区域 A1:H23，右击，在弹出的快捷菜单中选择“设置单元格格式”命令，弹出“设置单元格格式”对话框。

7）在“边框”选项卡的“样式”列表框中选择粗线条，在“颜色”下拉列表中选择“红色”，在“预置”区域选择“外边框”，单击“确定”按钮，如图 6.9 所示。

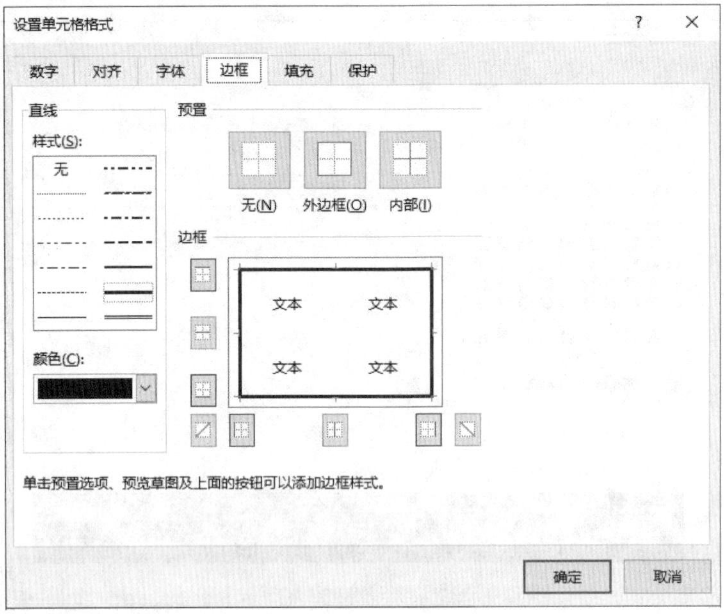

图 6.9 “边框”选项卡

8）选定单元格区域 A4:H4，右击，在弹出的快捷菜单中选择“设置单元格格式”命令，在弹出的“设置单元格格式”对话框中切换至“填充”选项卡，在“背景色”颜色面板中选择“浅橙色”；再切换至“边框”选项卡，在“样式”列表框中选择细线条，在“颜色”下拉列表中选择“橙色”，单击预览草图的上边框和下边框，单击“确定”按钮。

9）双击“开始”选项卡“剪贴板”选项组中的“格式刷”按钮，按行交替选定，效果如图 6.10 所示。再单击一次“格式刷”按钮，将格式复制功能撤消。

旅游行程安排
（报名表）

序号	姓名	出生年月	性别	年龄	身份证号码	联系电话	备注
1	陆俊宇				610830198402241000	13007893010	
2	张栋梁				321012198607065000	15874568526	
3	吴 涵				441622198405248000	13697111222	机场等
4	梁 毓				370827196512111000	13797165726	
5	徐 克				370126197910106934	13697186655	
6	谢圣东				620724195205018756	13695666558	
7	焦 靖				440116198501115151	15874568545	
8	刘 毅				440514197604137294	13007893087	机场等
9	赵子阳				542229199112207498	13007896564	
10	周想想				411302199810221656	15867675644	
11	蔡家劲				330621198009108294	15001102568	
12	董 奥				441427198003016253	15007895568	
13	张 蒲				510184196304274951	15885656565	
14	高 森				350725197909209525	18021986070	
15	李 溪				341221198007174619	18785011151	
16	王 子				640502200109092413	15789844353	
17	刘正一				211101198011101594	13198012149	机场等
18	闫飞翔				430623195508247295	15988051513	
19	邱祥志				45060119810927913X	18981052735	
20	王 硕				430101195611157119	13804017197	

旅游报名表 Sheet2 Sheet3

图 6.10 填充效果

（4）设置行高、列宽

设置第一行的行高为“50”，第三行的行高为“20”，利用鼠标调整列宽。其操作步骤如下。

1）右击第一行的行号，在弹出的快捷菜单中选择“行高”命令，弹出“行高”对话框，在“行高”文本框中输入“50”，单击“确定”按钮。

2）选定第三行的任意一个单元格，单击“开始”选项卡“单元格”选项组中的“格式”下拉按钮，在其下拉列表中选择“行高”选项，弹出“行高”对话框，在“行高”文本框中输入“20”，单击“确定”按钮。

3）将鼠标指针指向要调整列宽的列标分隔线上，待鼠标指针变成双向箭头状时拖动分隔线至适当位置。

完成所有操作后，将工作簿以原文件名保存。

9. 条件格式

将 Ex2.xlsx 工作簿的“成绩表”工作表中不及格的成绩设置为红色文本黄色填充。其操作步骤如下。

1）打开“D:\计算机应用基础实验素材\实验六”文件夹中的 Ex2.xlsx 工作簿（图 6.2），在“成绩表”中选定要设置条件格式的单元格区域 C2:E9。

2）单击“开始”选项卡“样式”选项组中的“条件格式”下拉按钮，在其下拉列表中选择“突出显示单元格规则”→“小于”选项，弹出“小于”对话框，如图 6.11 所示。

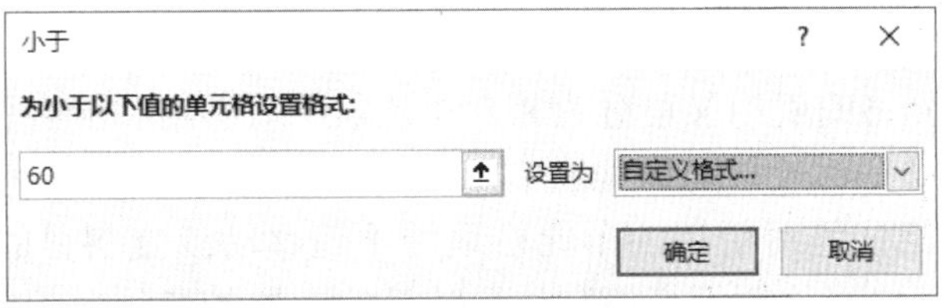

图 6.11　“小于”对话框

3）在“为小于以下值的单元格设置格式:”文本框中输入“60”；在“设置为”下拉列表中选择“自定义格式”选项，在弹出的“设置单元格格式”对话框中，设置字体颜色为红色，填充背景色为黄色。

4）单击“确定”按钮，完成操作。

完成操作后，将工作簿以原文件名保存。

实验七　公式与函数的使用

实验目的

1．掌握公式的设置方法。

2．掌握单元格相对地址和绝对地址的基本概念。

3．掌握常用函数的使用方法。

知识要点

Excel 的强大功能主要体现在计算方面。在 Excel 中，通过在单元格中输入公式和函数，可以对表中数据进行总计、平均、汇总及其他更为复杂的运算，从而避免用户手工计算的繁杂和错误；数据修改后公式的计算结果也会自动更新，这更是手工计算无法企及的。

1．使用公式

公式以“=”开头，由常量、单元格引用、函数和运算符组成，一般在编辑栏中输入。当多个运算符同时出现在公式中时，按运算符的优先级进行运算。算术运算符优先级顺序从高到低依次为%、^、*（/）、+（-）。比较运算符优先级相同。三类运算符又以算术运算符的优先级最高，文本运算符次之，最后是比较运算符。当优先级相同时，按从左到右的顺序计算。

在公式中对单元格的引用又可分为相对引用、绝对引用和混合引用 3 种。当把一个含有相对引用的公式复制或移动到其他单元格位置时，公式会根据移动的位置自动调节公式中引用的单元格；绝对引用的单元格地址不随移动或复制目的单元格的变化而变化；混合引用可以固定行位置不变而列位置随目的位置的变化做相应变化，或者固定列位置不变而行位置随目的位置的变化而变化。

2．使用函数

Excel 函数是快速简便进行复杂运算的工具。在 Excel 中，函数输入有 3 种方法：直接输入法、使用“插入函数”对话框和利用“公式”选项卡。

实验内容及步骤

1．公式的运用

打开“D:\计算机应用基础实验素材\实验七”文件夹中的 Ex2. xlsx 工作簿，右击“成绩表”工作表标签，在弹出的快捷菜单中选择“移动或复制”命令，复制一份工作表放置在“成绩表”的后面，重命名为“考试情况统计表”，并依照图 7.1 所示的数据添加相应单元格中的内容，编辑公式计算“总分”。

	A	B	C	D	E	F	G	H	I
1	学号	姓名	数学	英语	计算机	总分	平均分	等级	名次
2	20220101	刘晓明	64	74	55				
3	20220102	林利利	94	82	87				
4	20220103	王中华	52	86	69				
5	20220104	章京华	82	71	90				
6	20220105	闻宏宇	65	78	56				
7	20220106	于海涛	80	69	72				
8	20220107	吴江宁	75	54	66				
9	20220108	周萍萍	78	90	85				
10	总人数								
11	单科不及格人数								
12	不及格率								
13	制表时间								

图 7.1 考试情况统计表

其操作步骤如下。

1）选定单元格 F2，输入公式“=C2+D2+E2”，按【Enter】键，就会计算出刘晓明的总分。

2）将鼠标指针定位到单元格 F2 的右下角，鼠标形状变成“十”字形后，向下拖动，将公式复制到单元格区域 F3:F9，相应单元格会进行自动调整（如单元格 F3 中的公式自动变换为“=C3+D3+E3”，单元格 F4 中的公式自动变换为“=C4+D4+E4”）。

2. 函数的运用

在图 7.1 所示的“考试情况统计表”中，利用公式和函数完成以下计算。

（1）在单元格 B10 中统计总人数

其操作方法有如下两种。

1）在单元格 B10 中输入函数“=COUNTA(B2:B9)”。

2）在单元格 B10 中输入函数“=COUNT(C2:C9)”。

（2）统计“数学”、“英语”和“计算机”单科不及格人数和不及格率

其操作步骤如下。

1）在单元格 C11 中输入函数“=COUNTIF(C2:C9, " <60 ")”，计算出“数学”的不及格人数。

2）选定单元格 C11，拖动其右下角的填充柄，将函数复制到单元格 D11 和 E11 中，计算出“英语”和“计算机”的不及格人数。

3）在单元格 C12 中输入公式“=C11/$B$10”，按【Enter】键。

4）将单元格 C12 中的公式利用填充柄复制到单元格 D12 和 E12 中。

5）选定单元格 C12、D12、E12，单击“开始”选项卡“数字”选项组中的“对话框启动器”按钮，弹出“设置单元格格式”对话框，在“数字”选项卡的“分类”列表框中选择“百分比”选项，设置“小数位数”为“1”，如图 7.2 所示。

图 7.2　设置数字格式为百分比

（3）计算每名学生的平均分，保留一位小数

其操作步骤如下。

1）在单元格 G2 中输入函数“=AVERAGE(C2:E2)”后按【Enter】键，再单击“开始”选项卡“数字”选项组中的“对话框启动器”按钮，弹出“设置单元格格式”对话框，在“数字”选项卡的“分类”列表框中选择“数值”选项，设置“小数位数”为“1”。

2）将单元格 G2 中的公式利用填充柄复制到单元格区域 G3:G9 中，计算其他学生的平均分。

（4）按平均分给出每名学生的等级

平均分为 85～100 分的为“优秀”，75～84.9 分的为“良好”，60～74.9 分的为“及格”，60 分以下的为“不及格”。

其操作步骤如下。

1）在单元格 H2 中输入函数“= IF(G2>=85, "优秀", IF(G2>=75, "良好", IF(G2>=60, "及格", "不及格")))”，计算出刘晓明的等级。

2）利用填充柄将 IF 函数复制填充到单元格区域 H3:H9，计算其他学生的等级。

（5）按平均分从高到低自动计算排位名次

按平均分从高到低自动计算排位名次，不改变当前记录顺序。其操作步骤如下。

1）选定单元格 I2，单击“公式”选项卡“函数库”选项组中的“插入函数”按钮，弹出“插入函数”对话框，如图 7.3 所示。

2）在“或选择类别”下拉列表中选择“统计”选项，在“选择函数”列表框中选择函数“RANK.AVG”，单击“确定”按钮，弹出“函数参数”对话框，如图 7.4 所示。

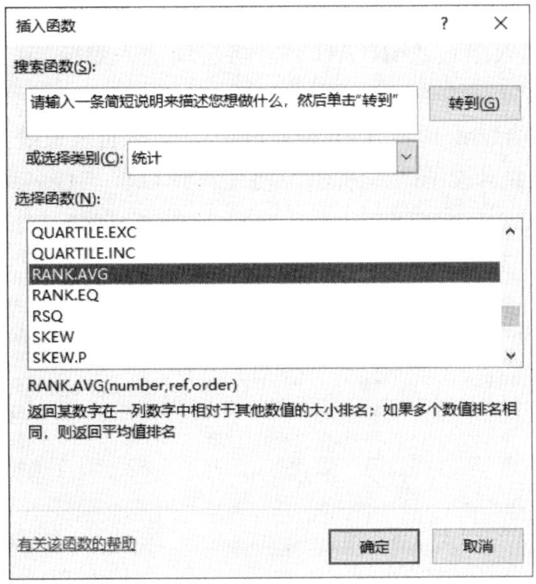

图 7.3 “插入函数”对话框

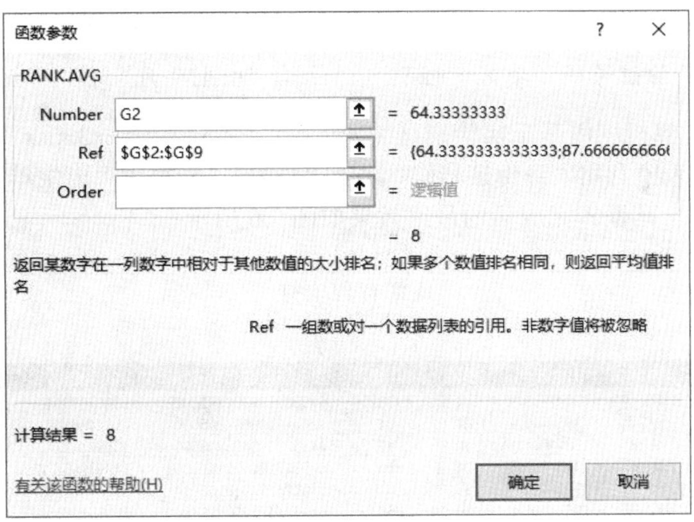

图 7.4 “函数参数”对话框

3）在“Number”文本框中输入单元格地址“G2”，在“Ref”文本框中输入单元格区域“$G$2:$G$9”（排序范围）。

相对地址和绝对地址之间可通过选定要切换的地址后按【F4】键进行切换。

4）单击“确定”按钮，计算出刘晓明的名次。

5）拖动单元格 I2 右下角的填充柄，将函数复制到单元格区域 I3:I9 中，计算其他学生的名次。

（6）在 B13 单元格中插入当前制表时间

其操作方法如下。

【方法一】

在单元格 B13 中输入函数“=NOW( )”，将自动插入系统当前的日期和时间。

【方法二】

先按【Ctrl +;】组合键，再按【Enter】键，将自动插入系统当前的日期。

以上操作完成后的结果如图 7.5 所示，将工作簿以原文件名保存。

	A	B	C	D	E	F	G	H	I
1	学号	姓名	数学	英语	计算机	总分	平均分	等级	名次
2	20220101	刘晓明	64	74	55	193	64.3	及格	8
3	20220102	林利利	94	82	87	263	87.7	优秀	1
4	20220103	王中华	52	86	69	207	69.0	及格	5
5	20220104	章京华	82	71	90	243	81.0	良好	3
6	20220105	闻宏宇	65	78	56	199	66.3	及格	6
7	20220106	于海涛	80	69	72	221	73.7	及格	4
8	20220107	吴江宁	75	54	66	195	65.0	及格	7
9	20220108	周萍萍	78	90	85	253	84.3	良好	2
10	总人数	8							
11	单科不及格人数		1	1	2				
12	不及格率		12.5%	12.5%	25.0%				
13	制表时间	2022/12/20							

成绩表 | 考试情况统计表 | Shee ...

图 7.5　考试情况统计表最终结果

3. 利用“身份证号码”填充“性别”、计算“出生年月”和“年龄”

打开“D:\计算机应用基础实验素材\实验七”文件夹中的 Ex3.xlsx 工作簿，在“旅游报名表”工作表中利用“身份证号码”填充“性别”，计算出“出生年月”和“年龄”，并填入对应列中。其操作完成后的最终效果如图 7.6 所示。

旅游行程安排（报名表）

	A	B	C	D	E	F	G	H
3	序号	姓名	出生年月	性别	年龄	身份证号码	联系电话	备注
4	1	陆俊宇	1984年02月	女	36	610830198402241000	13007893010	
5	2	张栋梁	1986年07月	女	34	321012198607065000	15874568526	
6	3	吴 涵	1984年05月	女	36	441622198405248000	13697111222	机场等
7	4	梁 毓	1965年12月	女	55	370827196512111000	13797165726	
8	5	徐 克	1979年10月	男	41	370126197910106934	13697186655	
9	6	谢圣东	1952年05月	男	68	620724195205018756	13695666558	
10	7	焦 靖	1985年01月	男	35	440116198501115151	15874568545	
11	8	刘 毅	1976年04月	男	44	440514197604137294	13007893087	机场等
12	9	赵子阳	1991年12月	男	29	542229199112207498	13007896564	
13	10	周想想	1998年10月	男	22	411302199810221656	15867675644	
14	11	蔡家劲	1980年09月	男	40	330621198009108294	15001102568	
15	12	董 奥	1980年03月	男	40	441427198003016253	15007895568	
16	13	张 潇	1963年04月	男	57	510184196304274951	15885656565	
17	14	高 森	1979年09月	女	41	350725197909209525	18021986070	
18	15	李 溪	1980年07月	男	40	341221198007174619	18785011151	
19	16	王 子	2001年09月	男	19	640502200109092413	15789844353	
20	17	刘正一	1980年11月	男	40	211101198011101594	13198012149	机场等
21	18	闫飞翔	1955年08月	男	65	430623195508247295	15988051513	
22	19	邱祥志	1981年09月	男	39	45060119810927913X	18981052735	
23	20	王 硕	1956年11月	男	64	430101195611157119	13804017197	

旅游报名表 | Sheet2 | Sheet3

图 7.6　“旅游报名表”工作表的最终效果

说明：身份证号码位数为 18 位，其中前 6 位是地区代码，7～14 位是出生日期，15～17 位是分配码，第 18 位是个人信息码。其中，第 17 位是性别码，奇数为男性，偶数为女性。

（1）利用“身份证号码”填充“性别”

其操作步骤如下。

1）在单元格 D4 中输入函数“=IF(MID(F4,17,1)/2=TRUNC(MID (F4,17,1)/2), "女", "男") ”，填充陆俊宇的性别。

2）利用填充柄将函数复制填充到单元格区域 D5:D23 中，填充其他旅客的性别。

（2）计算出生年月

其操作步骤如下。

1）在单元格 C4 中输入函数“=MID(F4,7,4) & "年" &MID(F4,11,2)& "月" ”，计算出陆俊宇的出生年月。

2）利用填充柄将函数复制填充到单元格区域 C5:C23 中，计算其他旅客的出生年月。

（3）计算年龄

其操作步骤如下。

1）在单元格 E4 中输入函数“=YEAR(TODAY())-MID(F4,7,4) ”，计算出陆俊宇的年龄。

2）利用填充柄将函数复制填充到单元格区域 E5:E23 中，计算其他旅客的年龄。

实验八　数据管理及数据图表化

实验目的

1．掌握数据清单的排序、筛选及分类汇总方法。

2．掌握图表的创建方法。

3．熟悉图表的编辑与美化方法。

知识要点

1．数据管理

Excel 还具有数据库管理功能，可以对数据进行排序、筛选、分类汇总等操作，上述所有操作均借助数据清单完成。

数据清单是由工作表中的单元格构成的矩形区域，即一张二维表。二维表中的一列为一个字段，一行为一条记录，第一行为表头，由若干字段名组成。二维表中不允许有空行或空列，每一列必须是性质相同、类型相同的数据。

（1）数据排序

对单一字段进行简单排序可通过单击“数据”选项卡“排序和筛选”选项组中的“升序”或“降序”按钮来快速实现；复杂数据排序必须在“排序”对话框中进行设置。

（2）数据筛选

在 Excel 中，数据筛选有两种方式：简单筛选和高级筛选。简单筛选对单个字段建立筛选，多字段之间的筛选是逻辑与的关系。高级筛选对复杂条件建立筛选，需要建立条件区域。

单击“数据”选项卡“排序和筛选”选项组中的“筛选”按钮，即可进入筛选状态，在所需筛选的字段名下拉列表中选择要筛选的确切值，或通过“自定义筛选”设置筛选的条件。简单筛选能满足大部分用户的要求。

（3）分类汇总

分类汇总即按某字段对数据清单进行分类，将字段值相同的连续记录作为一类，从而进行求和、平均、计数等汇总运算。针对同一个分类字段，可以进行多种汇总。

在进行分类汇总前，必须先对数据清单按分类字段进行排序，然后单击“数据”选项卡“分级显示”选项组中的“分类汇总”按钮，在弹出的“分类汇总”对话框中进行相应的选择。

若要取消分类汇总，可单击“数据”选项卡“分级显示”选项组中的“分类汇总”按钮，在弹出的“分类汇总”对话框中单击“全部删除”按钮。

2．数据的图表化

Excel 除了具有强大的计算功能外，还能将数据或统计结果以各种统计图表的形式显示，使数据更形象、直观地反映数据的变化规律和发展趋势。

先选择创建图表的数据源，再选择“插入”选项卡“图表”选项组中的图表类型，即可完成插入图表的操作。当图表创建完成后，在选定图表状态时，系统会自动显示“图表工具-设计”和“图表工具-格式”两个选项卡。其中，“图表工具-设计”选项卡是对图表整个格局的设置，如图表布局、图表样式等，如图 8.1（a）所示；“图表工具-格式”选项卡是对图表中对象格式的设置，如形状样式、艺术字样式等，如图 8.1（b）所示。

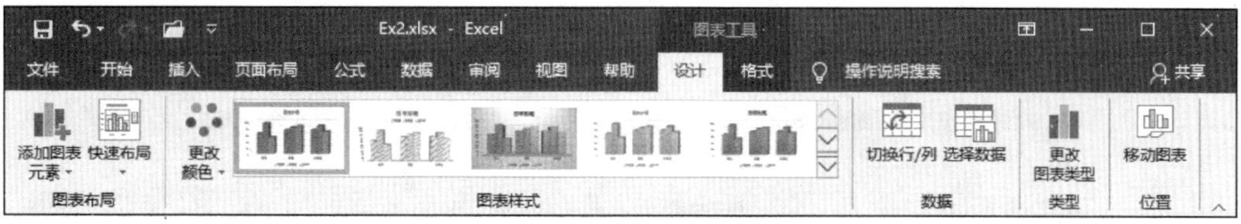

（a）“图表工具-设计”选项卡

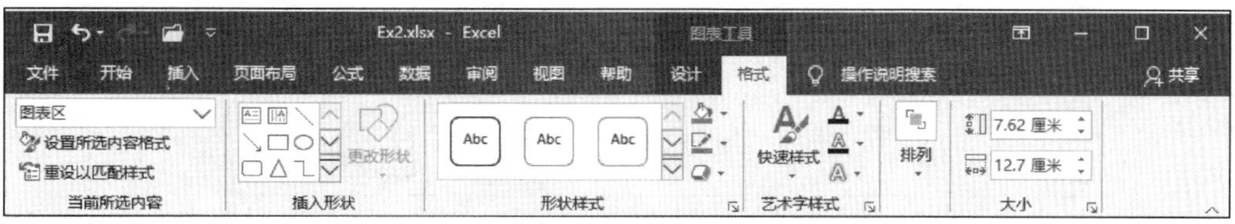

（b）“图表工具-格式”选项卡

图 8.1　图表工具

实验内容及步骤

1. 排序

打开“D:\计算机应用基础实验素材\实验八”文件夹中 Ex2.xlsx 工作簿的“员工表”工作表，在单元格 F3 中输入函数“=YEAR(TODAY())-YEAR(C3)”，计算出工作时间，并设置数字格式为“数值”，小数位数为“0”。利用填充柄，将单元格 F3 的公式复制到单元格区域 F4:F13，如图 8.2 所示。

	A	B	C	D	E	F
1	××公司员工工资表					
2	工号	姓名	参加工作日期	基本工资	部门	工作时间(年)
3	3001	李伟	2005/4/18	¥8,000.0	培训部	15
4	1010	刘中原	2013/7/16	¥10,500.0	软件部	7
5	1012	郑立	2014/6/17	¥9,800.0	软件部	6
6	1020	段楠	2016/3/18	¥8,500.0	软件部	4
7	2101	石垒	2008/12/9	¥8,000.0	销售部	12
8	2013	何章静	2011/3/20	¥7,000.0	销售部	9
9	2105	刘朋飞	2017/5/21	¥5,200.0	销售部	3
10	3102	陈永	2010/4/22	¥7,500.0	培训部	10
11	3023	杨明明	2015/1/15	¥6,000.0	培训部	5
12	2301	梁一天	2016/8/25	¥5,800.0	销售部	4
13	1205	方旭	2018/7/20	¥7,500.0	软件部	2

图 8.2　“员工表”工作表

将“员工表”工作表复制一份到本工作簿的末尾，并重命名为“排序”。在“排序”工作表中按“部门”、“工作时间”和“基本工资”递减排序。其操作步骤如下。

1）将光标定位到“排序”工作表数据清单中，单击“数据”选项卡“排序和筛选”选项组中的“排序”按钮，弹出“排序”对话框。

2）在“主要关键字”下拉列表中选择“部门”选项；单击“添加条件”按钮，在“次要关键字”下拉列表中选择“工作时间（年）”选项；再次单击“添加条件”按钮，在“次要关键字”下拉列表中选择“基本工资”选项；“排序依据”均为“单元格值”，排序“次序”统一设置为“降序”，如图 8.3 所示。

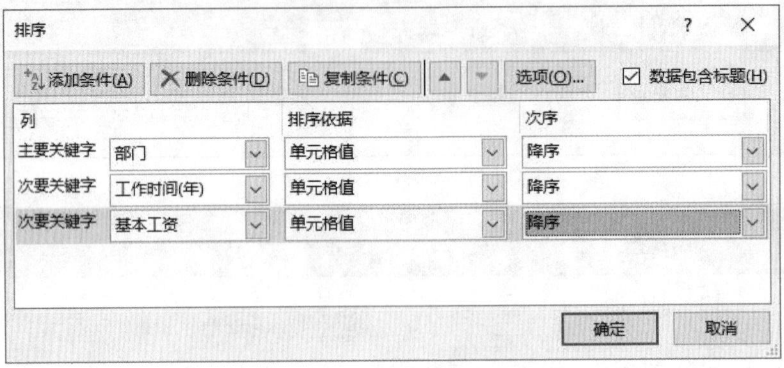

图 8.3　“排序”对话框

3）单击“确定”按钮。通过以上排序可以观察每个部门员工工作年限的长短和基本工资的高低。排序后的“排序”工作表如图 8.4 所示。

	A	B	C	D	E	F
1	××公司员工工资表					
2	工号	姓名	参加工作日期	基本工资	部门	工作时间(年)
3	2101	石垒	2008/12/9	¥8,000.0	销售部	12
4	2013	何章静	2011/3/20	¥7,000.0	销售部	9
5	2301	梁一天	2016/8/25	¥5,800.0	销售部	4
6	2105	刘朋飞	2017/5/21	¥5,200.0	销售部	3
7	1010	刘中原	2013/7/16	¥10,500.0	软件部	7
8	1012	郑立	2014/6/17	¥9,800.0	软件部	6
9	1020	段楠	2016/3/18	¥8,500.0	软件部	4
10	1205	方旭	2018/7/20	¥7,500.0	软件部	2
11	3001	李伟	2005/4/18	¥8,000.0	培训部	15
12	3102	陈永	2010/4/22	¥7,500.0	培训部	10
13	3023	杨明明	2015/1/15	¥6,000.0	培训部	5

图 8.4　“排序”工作表排序结果

2. 简单筛选

将“员工表”工作表复制一份到本工作簿的末尾，并重命名为“筛选”。

（1）在“筛选”工作表中筛选出姓“刘”的员工

其操作步骤如下。

1）将光标定位到“筛选”工作表数据清单中，单击“数据”选项卡“排序和筛选”选项组中的“筛选”按钮，此时第二行每个标题右侧都会出现一个下拉按钮，即筛选器。

2）单击“姓名”字段的筛选器，在其下拉列表中选择“文本筛选”→“开头是”选项，弹出“自定义自动筛选方式”对话框。

3）在“开头是”右侧文本框中输入“刘”，单击“确定”按钮，即可筛选姓“刘”的员工，结果如图 8.5 所示。

	A	B	C	D	E	F
1	××公司员工工资表					
2	工号	姓名	参加工作日	基本工资	部门	工作时间(年
4	1010	刘中原	2013/7/16	¥10,500.0	软件部	7
9	2105	刘朋飞	2017/5/21	¥5,200.0	销售部	3

图 8.5 “筛选”工作表筛选结果

4）再次单击“姓名”字段的筛选器，在其下拉列表中选择“全选”选项，则可撤消之前的筛选，显示原始数据清单。

（2）筛选基本工资为 7000～9000 元的员工

其操作步骤如下。

1）单击“基本工资”字段的筛选器，在其下拉列表中选择“数字筛选”→“自定义筛选”选项，弹出“自定义自动筛选方式”对话框。

2）在“基本工资”的第一行左侧下拉列表中选择“大于或等于”选项，在右侧的文本框中输入“7000”；在第二行左侧下拉列表中选择“小于或等于”选项，在右侧文本框中输入“9000”；因为要同时满足上述两个筛选条件，所以选中“与”单选按钮，如图 8.6 所示。

3）单击“确定”按钮完成操作。

图 8.6 “自定义自动筛选方式”对话框

3. 分类汇总

将“员工表”工作表复制一份到本工作簿的末尾，并重命名为“分类汇总”。

（1）按“部门”分类，汇总“基本工资”的平均值

其操作步骤如下。

1）将原始工作表按“部门”排序。将光标定位到“部门”列的任意单元格中，单击“数据”选项卡“排序和筛选”选项组中的“升序”或“降序”按钮。

2）将光标定位到“分类汇总”工作表数据清单中，单击“数据”选项卡“分级显示”选项组中的“分类汇总”按钮。

3）弹出“分类汇总”对话框，在“分类字段”下拉列表中选择“部门”选项，在“汇总方式”下拉列表中选择“平均值”选项，在“选定汇总项”列表框中选中需要汇总的字段前的复选框，这里选中“基本工资”复选框。

4）选中“替换当前分类汇总”和“汇总结果显示在数据下方”复选框，如图 8.7 所示。最后，单击“确定”按钮完成操作。

（2）进一步统计各部门人数

其操作步骤如下。

1）将光标定位到数据清单中，单击“数据”选项卡“分级显示”选项组中的“分类汇总”按钮。

2）弹出“分类汇总”对话框，在“分类字段”下拉列表中选择“部门”选项，在“汇总方式”下拉列表中选择“计数”选项，在“选定汇总项”列表框中选中“工号”复选框。

3）取消选中“替换当前分类汇总”复选框，如图 8.8 所示。最后，单击“确定”按钮完成操作，结果如图 8.9 所示。

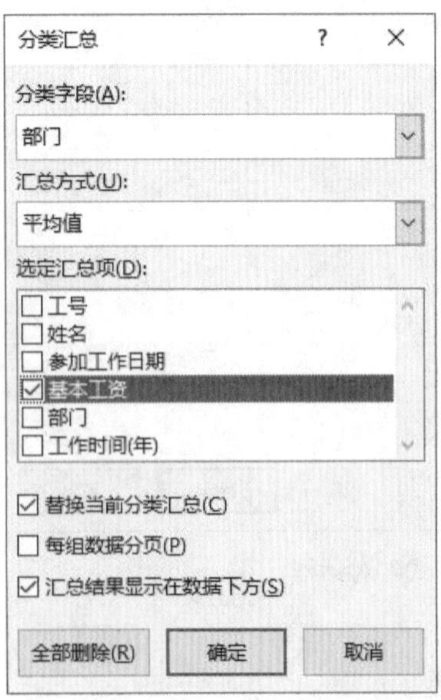

图 8.7　统计各部门基本工资

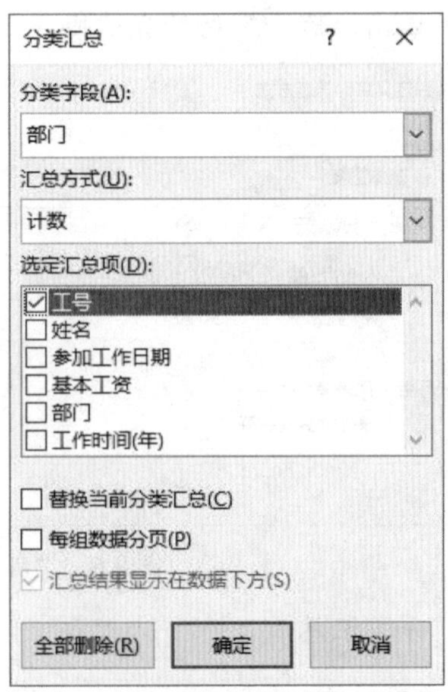

图 8.8　统计各部门人数

	A	B	C	D	E	F
1	××公司员工工资表					
2	工号	姓名	参加工作日期	基本工资	部门	工作时间(年)
3	3001	李伟	2005/4/18	¥8,000.0	培训部	15
4	3102	陈永	2010/4/22	¥7,500.0	培训部	10
5	3023	杨明明	2015/1/15	¥6,000.0	培训部	5
6			培训部 计数	3		
7			培训部 平均值	¥7,166.7		
8	1010	刘中原	2013/7/16	¥10,500.0	软件部	7
9	1012	郑立	2014/6/17	¥9,800.0	软件部	6
10	1020	段楠	2016/3/18	¥8,500.0	软件部	4
11	1205	方旭	2018/7/20	¥7,500.0	软件部	2
12			软件部 计数	4		
13			软件部 平均值	¥9,075.0		
14	2101	石垒	2008/12/9	¥8,000.0	销售部	12
15	2013	何章静	2011/3/20	¥7,000.0	销售部	9
16	2105	刘朋飞	2017/5/21	¥5,200.0	销售部	3
17	2301	梁一天	2016/8/25	¥5,800.0	销售部	4
18			销售部 计数	4		
19			销售部 平均值	¥6,500.0		
20			总计数	11		
21			总计平均值	¥7,618.2		

图 8.9 “分类汇总”工作表的分类汇总结果

4. 创建饼图

打开“D:\计算机应用基础实验素材\实验八”文件夹中的 Ex4.xlsx 工作簿，在“武汉市十年国内旅游接待一览表”工作表中对省外游客的十年合计创建三维饼图。图表标题为“省外游客分布图”，字号为 20 磅，楷体，加粗；添加百分比数据标志。该工作表操作完成后的结果如图 8.10 所示。

武汉市2009～2018年十年国内旅游接待人数一览表

年份	2009年	2010年	2011年	2012年	2013年	2014年	2015年	2016年	2017年	2018年	十年合计	比例
项目	接待人数(万人次)	接待人数(万人次)	接待人数(万人次)	接待人数(万人次)	接待人数(万人次)	接待人数(万人次)	接待人数(万人次)	接待人数(万人次)	接待人数(万人次)	接待人数(万人次)	接待人数(万人次)	
一、省内游客	2612.79	4359.99	6852.34	8636.12	10067.7	11022.11	11126.75	12532.98	15125.81	17326.43	99663.02	65.5%
二、省外游客	2053.4	2066.90	2092.79	3115.92	4250.89	6161.37	8170.57	8202.36	8224.94	8248.45	52587.59	34.5%
东部	542.78	552.63	570.17	838.70	1114.17	1628.82	2138.37	2164.12	2176.68	2192.13	13918.57	9.1%
南部	505.63	507.78	512.23	762.99	1018.14	1517.34	2516.77	2819.85	3023.23	3026.42	16210.38	10.6%
西部	500.23	500.19	500.26	750.19	1000.27	1500.22	1500.13	1200.10	1400.27	1500.23	10352.09	6.8%
北部	504.76	506.29	510.14	764.04	1118.31	1514.99	2015.30	2018.27	1624.76	1529.67	12106.53	8.0%
合计接待游客人数（万人次）	4666.19	6426.89	8945.13	11752.04	14318.59	17183.48	19297.32	20735.34	23350.75	25574.88	152250.61	

图 8.10 旅游接待一览表

其操作步骤如下。

1）在“武汉市十年国内旅游接待一览表”工作表中选取要图形化的单元格区域A6:A9和M6:M9。

① 从单元格A6拖动到单元格A9。

② 按住【Ctrl】键，选择单元格区域M6:M9，这样就选定了两个不连续的单元格区域。

2）插入饼图。单击“插入”选项卡“图表”选项组中的“饼图”下拉按钮，在其下拉列表中选择“三维饼图”选项，完成图表的创建，图表插入到数据区域的下方。

3）编辑饼图。

① 添加图表标题。单击饼图的“图表标题”文本框，输入文本“省外游客分布图”，并设置其字体为“楷体”，加粗，字号为20磅。

② 添加数据标签。单击“图表工具-设计”选项卡“图表布局”选项组中的“添加图表元素”下拉按钮，在其下拉列表中选择“数据标签”→“其他数据标签选项”选项，弹出“设置数据标签格式”任务窗格，如图8.11所示。在“标签选项”选项组中选中“百分比”和“显示引导线”复选框，为三维饼图添加百分比数据标志，并选中“标签位置”选项组中的“数据标签外”单选按钮。

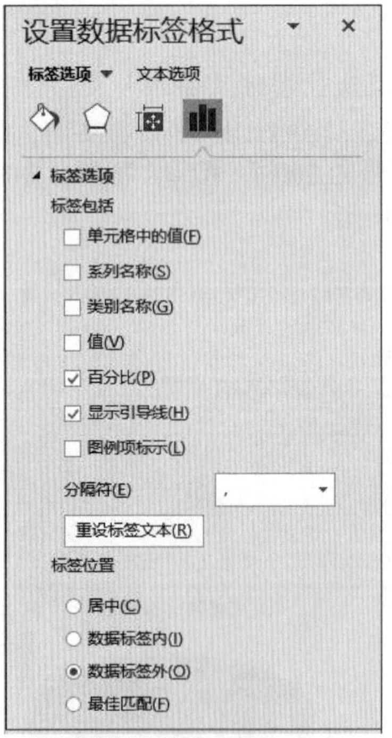

图8.11 “设置数据标签格式”任务窗格

③ 设置数据标签格式。选定数据标签，在“开始”选项卡中设置数据标签字号为12磅，填充色为浅橙色，在数据标签中添加文字说明，并将其拖动至合适位置。

4）将文件以原文件名“Ex4.xlsx”保存到学生文件夹中。

5. 创建柱形图

打开 Ex2. xlsx 工作簿的"成绩表"工作表，对 8 名学生的"数学"和"计算机"成绩创建独立的"三维簇状柱形图"。其操作步骤如下。

1）选定要图形化的单元格区域 B1:C9 和 E1:E9。

2）插入柱形图，其操作步骤如下。

① 单击"插入"选项卡"图表"选项组中的"柱形图"下拉按钮，在其下拉列表中选择"三维簇状柱形图"选项，完成图表的创建。

② 单击"图表工具-设计"选项卡"位置"选项组中的"移动图表"按钮，弹出"移动图表"对话框，如图 8.12 所示。

图 8.12　"移动图表"对话框

③ 选中"新工作表"单选按钮，然后单击"确定"按钮，系统自动生成一张名为 Chart1 的新工作表存放该图形。

3）复制图表。右击"Chart 1"工作表标签，在弹出的快捷菜单中选择"移动或复制"命令，复制后粘贴到本工作簿的最前面，并重命名为"成绩图表"。

4）添加标题。

① 添加图表标题。单击"图表标题"文本框，在其中输入标题"成绩图"，并设置字体为"隶书"，字号为 28 磅。

② 添加坐标轴标题。单击"图表工具-设计"选项卡"图表布局"选项组中的"添加图表元素"下拉按钮，在其下拉列表中选择"坐标轴标题"选项，设置"主要横坐标轴标题"为"姓名"，"主要纵坐标轴标题"为"成绩"。

5）取消数值轴网格线，添加数据标签。

① 单击"图表工具-设计"选项卡"图表布局"选项组中的"添加图表元素"下拉按钮，在其下拉列表中选择"网格线"级联菜单中的"主轴主要水平网格线"选项，取消数值轴网格线。

② 在"添加图表元素"下拉列表中选择"数据标签"级联菜单中的"其他数据标签选项"选项，在弹出的"设置数据标签格式"任务窗格中选中"值"复选框。

6）更改图表中文字的格式。将成绩图表中的所有字体改为“楷体”，字号为 14 磅。

右击图表区，在弹出的快捷菜单中选择“字体”命令，在弹出的“字体”对话框中设置图表中文字的字体、字号。

7）调整图表旋转角度。

① 单击“图表工具-格式”选项卡“形状样式”选项组中的“形状效果”下拉按钮，在其下拉列表中选择“三维旋转”→“三维旋转选项”选项，弹出“设置图表区格式”任务窗格，如图 8.13 所示。

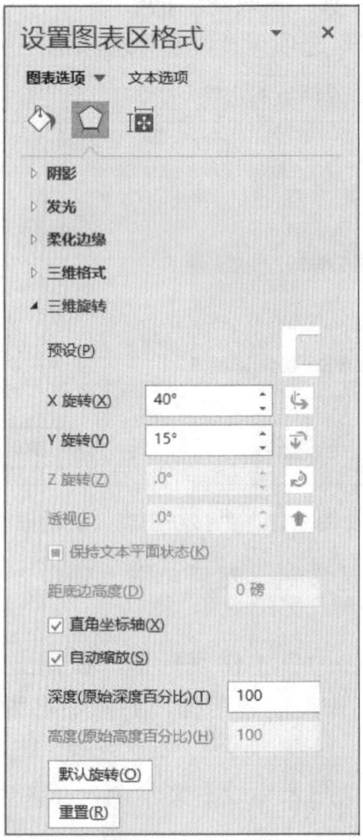

图 8.13 “设置图表区格式”任务窗格

② 在任务窗格的“三维旋转”下分别设置 X 轴的旋转角度为“40° ”、Y 轴的旋转角度为“15° ”。

8）设置背景墙为“粉色面巾纸”填充效果，并添加绿色实线边框。

① 在“图表工具-格式”选项卡“当前所选内容”选项组中单击“图表元素”下拉按钮，在其下拉列表中选择“背景墙”选项。

② 单击“图表工具-格式”选项卡“形状样式”选项组中的“形状填充”下拉按钮，在其下拉列表中选择“纹理”→“粉色面巾纸”选项。

③ 单击“形状轮廓”下拉按钮，在打开的颜色面板中选择“绿色”，然后选择“粗细”→“1.5 磅”选项。

9）基底填充黄色。

① 在“图表元素”下拉列表中选择“基底”选项。

② 单击“图表工具-格式”选项卡“形状样式”选项组中的“形状填充”下拉按钮，在打开的颜色面板中选择“黄色”。

操作完成后的图表最终效果如图 8.14 所示。

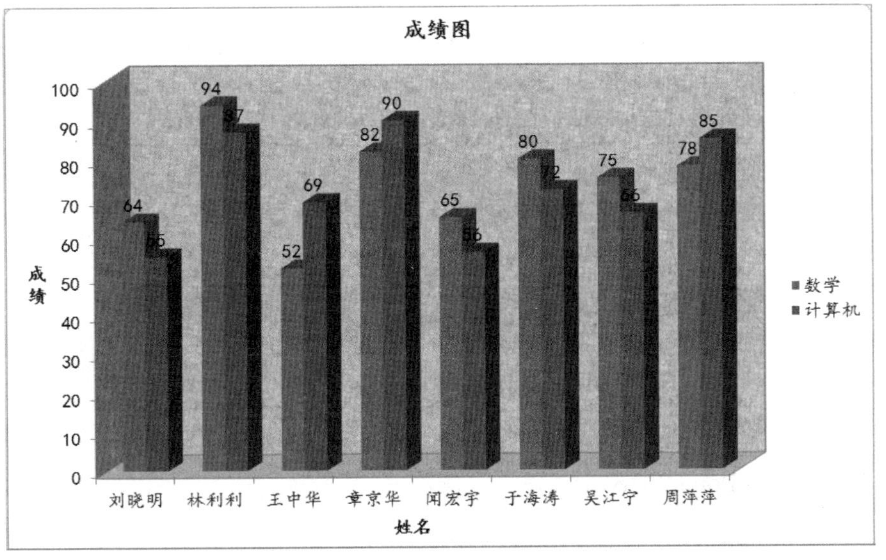

图 8.14 “成绩图”图表最终效果

实验九　演示文稿的基本操作

实验目的

1．掌握 PowerPoint 2016 的运行方式和幻灯片制作的基本知识。

2．掌握在演示文稿中对幻灯片应用不同版式的方法。

3．掌握在演示文稿中使用不同母版的方法。

4．掌握在演示文稿中插入和编辑各种对象的方法。

5．掌握演示文稿的背景设置。

知识要点

PowerPoint 2016 是 Microsoft 公司办公集成软件 Office 2016 中的一个应用程序，用于制作集文字、图形、图像、声音及视频剪辑等多种媒体对象于一体的电子演示文稿，具有专业水平的幻灯片放映效果。

1．启动 PowerPoint 2016

启动 PowerPoint 2016 的方法有以下 3 种。

1）选择“开始”→“Microsoft Office 2016”→“PowerPoint”命令即可。

2）如果需要经常启动 PowerPoint 2016，可以在桌面上创建其快捷方式，只需要双击其快捷方式图标即可启动 PowerPoint 2016。

3）打开一个 PowerPoint 演示文稿也能启动 PowerPoint 2016。

2．PowerPoint 2016 工作界面

PowerPoint 2016 工作界面由快速访问工具栏、标题栏、菜单栏、其他各类选项卡及功能区、幻灯片编辑区、状态栏等组成。

PowerPoint 2016 提供了 5 种在屏幕上显示幻灯片的视图方式，分别为普通视图、大纲视图、幻灯片浏览视图、备注页视图和阅读视图。

3．退出 PowerPoint 2016

退出 PowerPoint 2016 的方法有以下 3 种。

1）选择“文件”→“关闭”命令。

2）单击 PowerPoint 2016 工作窗口标题栏右上角的“关闭”按钮。

3）按【Alt+F4】组合键。

无论使用哪种方法退出 PowerPoint 2016，如果有未保存的文档，都将弹出一个提示对话框询问是否保存对演示文稿的修改，根据要求确认后再退出 PowerPoint 2016 程序。

4. 幻灯片版式

幻灯片版式包含幻灯片上显示的全部内容的格式设置、位置和占位符，展现的是幻灯片上文本、列表、表格、图表、形状等元素的排列方式。PowerPoint 2016 提供了 11 种内置幻灯片版式。用户也可以根据设计的特定需求创建自定义版式，使幻灯片的内容排版更合理。

5. 母版

母版是演示文稿中所有幻灯片的页面格式，如文本和对象的大小，及其在幻灯片中的位置、背景、颜色、主题等。

每个演示文稿至少包含一个幻灯片母版。当编辑幻灯片母版时，其中对应的幻灯片效果随之变化，无须在多张幻灯片输入相同的信息，节省了时间，提高了效率。

实验内容及步骤

1. 创建演示文稿

在 E 盘学生文件夹中建立一个新的演示文稿“个人简历.pptx”，如图 9.1 所示。

（1）　（2）　（3）

图 9.1　个人简历.pptx

该演示文稿由 3 张幻灯片组成，操作步骤如下。

1）新建空白演示文稿。

① 选择“开始”→“Microsoft Office 2016”→“PowerPoint 2016”命令，在打开的 PowerPoint 窗口中选择“新建”→“空白演示文稿”选项，系统自动新建一个仅包含一张“标题幻灯片”的空白演示文稿。

② 设置幻灯片大小。单击“设计”选项卡“自定义”选项组中的“幻灯片大小”下拉按钮，在其下拉列表中选择“标准（4∶3）”选项。

③ 在幻灯片中输入标题“个人简历”，副标题为“××大学××届××专业毕业生”，如图 9.1 所示。

2）使用“标题和内容”版式建立第二张幻灯片。

① 单击“开始”选项卡“幻灯片”选项组中的“新建幻灯片”下拉按钮，在其下拉列表中选择“标题和内容”版式，如图 9.2 所示，建立第二张幻灯片。

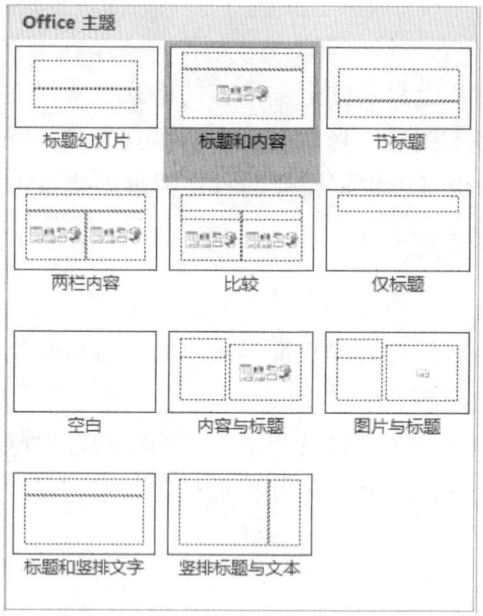

图 9.2　选择幻灯片版式

② 在幻灯片的标题区域输入标题“个人简介”。

③ 在幻灯片的内容区域单击“插入表格”图标，弹出“插入表格”对话框，在此对话框中设置“列数”为 4，“行数”为 5，单击“确定”按钮，生成一个 4 列 5 行的表格。

④ 在表格中输入“姓名”“性别”“出生日期”“民族”“家庭住址”“毕业学校”“专业”“联系电话”“E-mail”，如图 9.1 所示。

⑤ 其中第三行“家庭住址”需要合并单元格，选定此行右侧 3 个单元格并右击，在弹出的快捷菜单中选择“合并单元格”命令。

3）使用“两栏内容”版式建立第三张幻灯片。

① 单击“开始”选项卡“幻灯片”选项组中的“新建幻灯片”下拉按钮，在其下拉列表中选择“两栏内容”版式，建立第三张幻灯片。

② 在幻灯片中输入标题“个人特长”，在左侧栏中输入“个人特点”、“专长”和“兴趣爱好”，在右侧栏中输入“曾担任何种职务”和“曾荣获何种奖励”，如图 9.1 所示。

4）保存演示文稿。单击快速访问工具栏中的“保存”按钮，弹出“另存为”窗口，指定文件的保存位置后，打开“另存为”对话框，在“文件名”文本框中输入“个人简历. pptx”，单击“保存”按钮即可。

2. 使用母版

使用母版可以对整个演示文稿进行整体修改。对演示文稿“个人简历. pptx”设置母版，其操作步骤如下。

1）单击“视图”选项卡“母版视图”选项组中的“幻灯片母版”按钮，进入幻灯片母版视图。

2）在母版中设置标题样式。

选定标题区，在“开始”选项卡“字体”选项组中，设置字体为“华文彩云”，加粗，倾斜，字号为48磅。

3）在母版中插入图片。

① 单击“插入”选项卡“图像”选项组中的“图片”按钮。

② 弹出“插入图片”对话框，选择“D:\计算机应用基础实验素材\实验九”文件夹中的图片“符号.jpg”。

③ 拖动图片到对象区的右下角。

4）在母版中插入日期和幻灯片编号。

① 单击“插入”选项卡“文本”选项组中的“页眉和页脚”按钮，弹出“页眉和页脚”对话框，如图9.3所示。

图9.3　“页眉和页脚”对话框

② 在“幻灯片”选项卡中选中“日期和时间”和“幻灯片编号”复选框，并选中“自动更新”单选按钮。

③ 单击“全部应用”按钮，返回幻灯片母版。

④ 选定幻灯片母版的“日期区”和“数字区”，设置其字号为18磅。

5）设置母版的背景。

① 单击“幻灯片母版”选项卡“背景”选项组中的“背景样式”下拉按钮，在其下拉列表中选择“设置背景格式”选项，弹出“设置背景格式”任务窗格，如图9.4所示。

② 在“填充”列表中选中“渐变填充”单选按钮，设置“类型”为“标题的阴影”，“渐变光圈”位置为50%，颜色为“白色”。

图 9.4 “设置背景格式”任务窗格

③ 单击“应用到全部”按钮，最后单击“关闭”按钮。

6）操作完成后的幻灯片母版如图 9.5 所示。

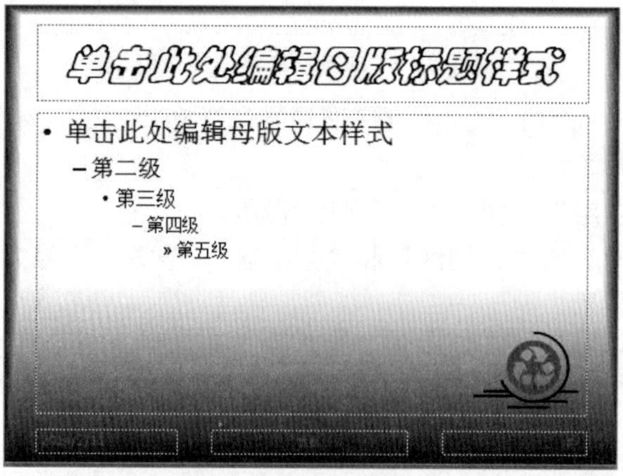

图 9.5 幻灯片母版

7）在“幻灯片浏览”视图中查看幻灯片效果，可以发现所有幻灯片都应用了母版的设置，如图 9.6 所示。

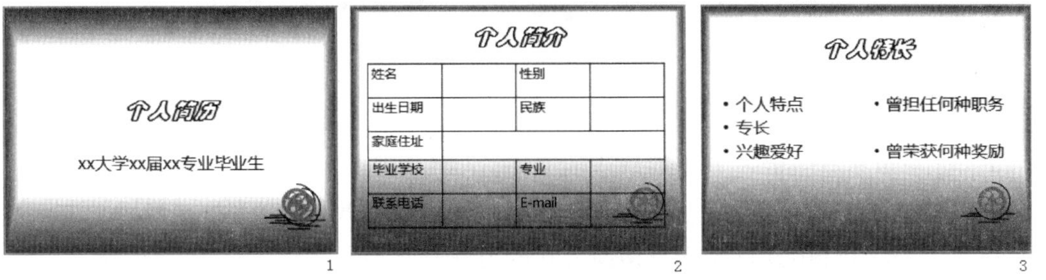

图 9.6　使用幻灯片母版后的幻灯片效果

练习：利用“D:\计算机应用基础实验素材\实验九”提供的素材，根据下列要求制作“植树节.pptx”演示文稿，并保存到学生文件夹中。

制作要求如下。

1）制作 3 张幻灯片。第一张幻灯片的版式为“标题幻灯片”，其他两张幻灯片的版式为“标题和内容”，其中文字的字体大小颜色根据自己喜好设置。

2）在第一张幻灯片标题上插入艺术字“多一片绿叶 多一份温馨”，艺术字根据自己喜好设置，将艺术字框拖到幻灯片的合适位置。

3）在第二和第三张幻灯片中要包含素材所提供的文字和图片。

4）除标题幻灯片外，其余幻灯片上要显示页码。

5）在演示文稿第一张幻灯片中插入素材中提供的“春野.mp3”音频文件，并将其作为演示文稿播放时的背景音乐。

实验十　美化演示文稿

实验目的

1．进一步熟悉编辑、美化幻灯片的方法。

2．掌握在演示文稿中插入视频和音频，实现多媒体效果的方法。

3．掌握幻灯片中设置动画及切换方式的方法。

4．掌握在演示文稿中创建超链接，实现在幻灯片间跳转的方法。

5．掌握设置幻灯片的放映方式，实现演示文稿的多媒体放映效果的方法。

知识要点

1. 主题

主题能为演示文稿中的标题、文字、图表、背景等提供一套完整的格式设置集合。PowerPoint 2016 提供了各式各样的内置主题样式，不同的主题样式设置了不同的主题颜色、主题文字和主题效果。

2. 超链接和动作

超链接可以实现从一张幻灯片到同一演示文稿的另一张幻灯片，或者从一张幻灯片到不同演示文稿的另一张幻灯片、电子邮件地址、网页及文件的交互。

添加动作按钮和动作也可以实现幻灯片之间或幻灯片和其他文件之间的交互。

3. 动画效果

PowerPoint 2016 提供了 4 种类型的动画效果：进入、强调、退出和动作路径。每种动画效果包含多种相关的动画。

“进入”动画：设置对象从无到有、陆续展现的动画效果。

“强调”动画：设置对象从初始状态到另一个状态，再回到初始状态的动画效果。

“退出”动画：设置对象从有到无、逐渐消失的动画效果。

动作路径：让对象沿特定的轨迹运动的动画效果。

4. 切换效果

幻灯片的切换效果是指幻灯片放映时，幻灯片之间进行切换的一种特殊显示方式。PowerPoint 2016 提供的幻灯片的切换效果分为细微型、华丽型和动态内容 3 类。

实验内容及步骤

1. 编辑幻灯片

在 E 盘学生文件夹中建立一个演示文稿“东湖风光.pptx”，如图 10.1 所示，在其中插入各种对象，并编辑对象格式。演示文稿由 8 张幻灯片组成，设置幻灯片大小为“宽屏（16∶9）”。其操作步骤如下。

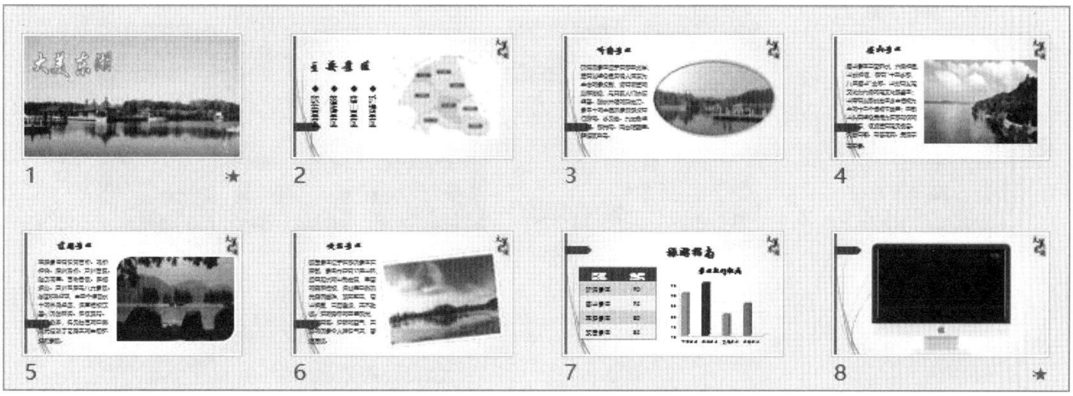

图 10.1　东湖风光.pptx

（1）插入图片

新建演示文稿，在第一张幻灯片中插入一张图片。其操作步骤如下。

1）选择“文件”→“新建”命令，打开“新建”窗口，选择“空白演示文稿”选项。

2）单击“开始”选项卡“幻灯片”选项组中的“版式”下拉按钮，在其下拉列表中选择“空白”版式，建立第一张幻灯片。

3）插入图片，并调整其大小。

① 单击“插入”选项卡“图像”选项组中的“图片”按钮，弹出“插入图片”对话框。

② 在“插入图片”对话框中，选择“D:\计算机应用基础实验素材\实验十”文件夹中的图片“封面.jpg”，单击“插入”按钮，如图 10.2 所示。

③ 调整图片大小。拖动图片控制点，使图片覆盖整个幻灯片。

（2）插入艺术字

在第一张幻灯片中插入艺术字，并设置格式。其操作步骤如下。

1）单击“插入”选项卡“文本”选项组中的“艺术字”下拉按钮，弹出艺术字库，选择第三行第四列的艺术字样式，弹出文本占位符“请在此放置您的文字”，输入“大美东湖”覆盖文本占位符，设置字体为“华文行楷”。

2）调整艺术字的形状。选定艺术字，单击“绘图工具-格式”选项卡“艺术字样式”

选项组中的“文字效果”下拉按钮，在其下拉列表中选择“转换”→“弯曲”→“下翘”选项，如图 10.3 所示。拖动艺术字控制点调整其大小及位置。第一张幻灯片制作完成。

图 10.2 “插入图片”对话框

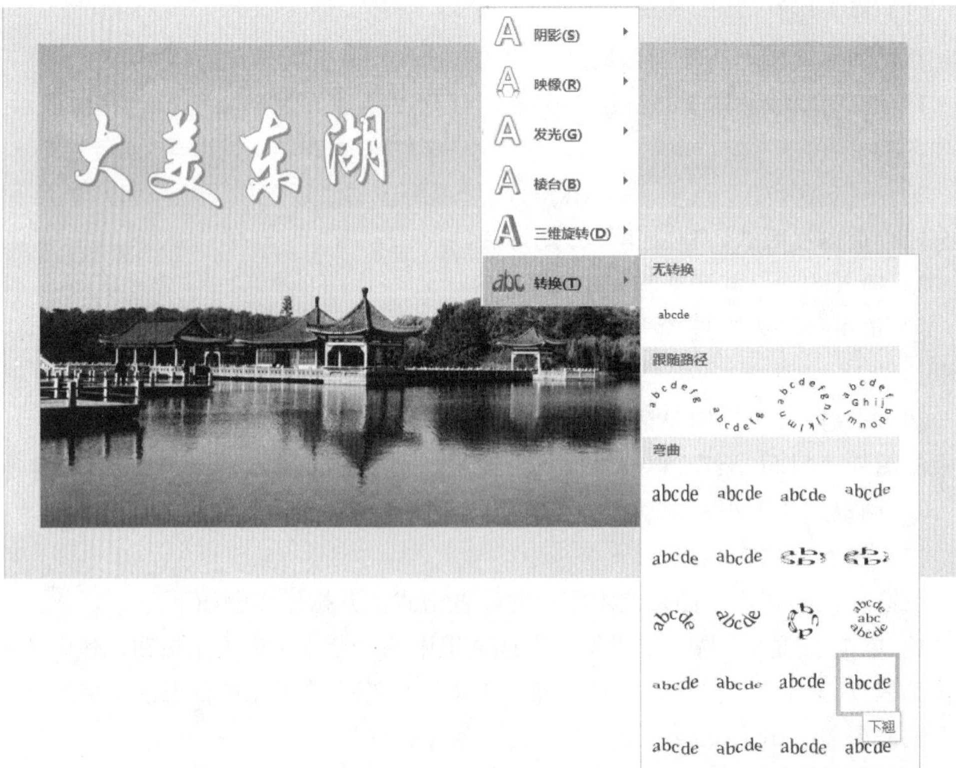

图 10.3 调整艺术字形状

（3）使用“图片与标题”版式建立幻灯片

在幻灯片中添加标题、文本和图片，并设置文本及图片格式。其操作步骤如下。

1）单击“开始”选项卡“幻灯片”选项组中的“新建幻灯片”下拉按钮，在其下拉列表中选择“图片与标题”版式，建立第二张幻灯片。

2）添加标题并设置格式。

① 在幻灯片的标题区域输入“主要景区”。

② 选定标题文字，在“开始”选项卡“字体”选项组中，设置“字体”为“华文行楷”，加粗，字号为60磅，深红色。

3）添加文本并设置格式。

① 在幻灯片的文本区域输入“听涛景区”、“磨山景区”、“落雁景区”和“吹笛景区”四行文字，并选定这四行文字，在“开始”选项卡“字体”选项组中，设置字号为36磅。

② 选定上述四行文字，单击“开始”选项卡“段落”选项组中的“行距”下拉按钮，在其下拉列表中选择“2倍行距”。

③ 再次选定上述四行文字，单击“开始”选项卡“段落”选项组中的“项目符号”下拉按钮，在其下拉列表中选择菱形作为项目符号。

④ 再次选定上述四行文字，单击“开始”选项卡“段落”选项组中的“文字方向”下拉按钮，在其下拉列表中选择“竖排”选项，四行文字即变成竖排的四列。

4）插入图片，并设置图片样式。

① 在幻灯片的图片区域单击“图片”图标，弹出“插入图片”对话框，选择“D:\计算机应用基础实验素材\实验十”文件夹中的图片“地图.jpg”并插入到当前位置。

② 单击“图片工具-格式”选项卡“图片样式”选项组中的“其他”按钮，选择列表框中的“剪去对角”样式。

5）制作完成的第二张幻灯片如图10.4所示。

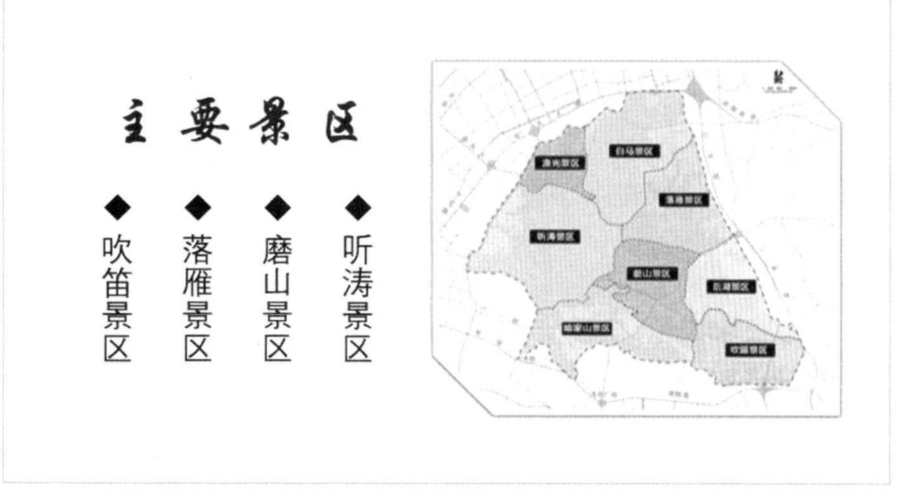

图10.4　制作完成的第二张幻灯片

6）单击“开始”选项卡“幻灯片”选项组中的“新建幻灯片”下拉按钮，在其下拉列表中选择“图片与标题”版式，建立第三张幻灯片。

7）在幻灯片的标题区域输入“听涛景区”，设置字体为“华文行楷”，字号为40磅，加粗，深红色，对齐方式为居中。

8）打开“D:\计算机应用基础实验素材\实验十”文件夹，将“武汉东湖.docx”文档中介绍听涛景区的文字复制到幻灯片的文本区域，设置“字号”为24磅，“行距”为固定值40磅，两端对齐。

9）在幻灯片的图片区域插入“D:\计算机应用基础实验素材\实验十”文件夹中的图片“听涛景区.jpg”，设置“图片样式”为“金属椭圆”。第三张幻灯片制作完成。

仿照步骤6）～步骤9)，完成第四张、第五张和第六张幻灯片的制作。

幻灯片四～幻灯片六也可由第三张幻灯片复制而成，在新幻灯片中分别修改标题区域和文本区域的文字内容，插入对应图片并设置格式即可。

（4）插入表格和图表

利用“两栏内容”版式建立第七张幻灯片，并在幻灯片中插入表格和图表。其操作步骤如下。

1）单击“开始”选项卡“幻灯片”选项组中的“新建幻灯片”下拉按钮，在其下拉列表中选择“两栏内容”版式，建立第七张幻灯片。

2）在标题文本框中输入“旅游指南”，设置字体为“华文行楷”，字号为54磅，加粗，深红色，对齐方式为居中。

3）插入表格，并设置边框。

① 单击幻灯片左侧内容区域的“插入表格”图标，弹出“插入表格”对话框，在此对话框中设置“列数”为2，“行数”为5，单击“确定”按钮，生成一个2列5行的表格，采用默认的表格样式。

② 设置表格边框。选定表格，在“表格工具-设计”选项卡“绘图边框”选项组中，选择线型为“实线”，线宽为3.0磅，深绿色。

③ 单击“表格工具-设计”选项卡“表格样式”选项组中的“边框”下拉按钮，在其下拉列表中选择“外侧框线”选项。

④ 在表格中，按单元格依次输入文字“景区”“热度”“听涛景区”“90”“磨山景区”“95”“落雁景区”“80”“吹笛景区”和“85”。

⑤ 设置文本对齐方式。选定表格，单击“表格工具-布局”选项卡“对齐方式”选项组中的“居中”和“垂直居中”按钮。设置文本字号为28磅。

4）插入图表，并输入数据。

① 单击幻灯片右侧内容区域的“插入图表”图标，弹出“插入图表”对话框，选择“三维簇状柱形图”选项，单击“确定”按钮，系统将打开一个Excel窗口。

② 在打开的Excel窗口中输入幻灯片左侧表格中的内容，关闭Excel窗口，在幻灯片右侧生成图表对象。

③ 参照图10.5设置图表元素的格式。

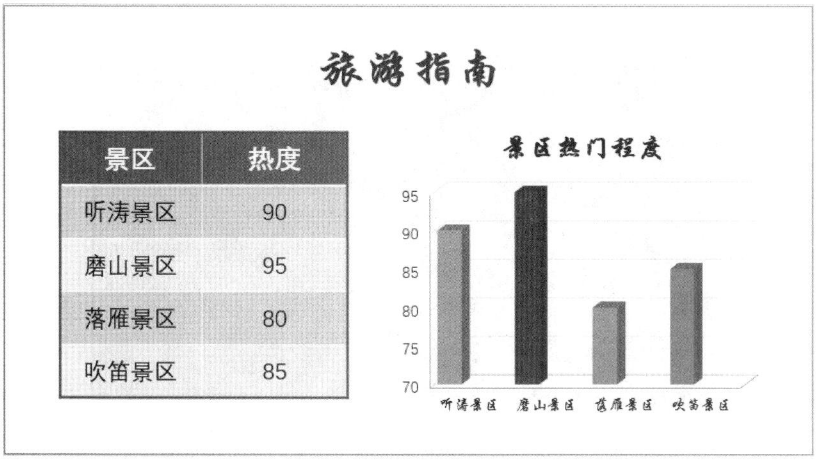

图 10.5　制作完成的第七张幻灯片

（5）插入视频和音频

在第八张幻灯片中插入一段视频。其操作步骤如下。

1）单击“开始”选项卡“幻灯片”选项组中的“新建幻灯片”下拉按钮，在其下拉列表中选择“空白”版式，建立第八张幻灯片。

2）插入图片，设置透明色。

① 单击“插入”选项卡“图像”选项组中的“图片”按钮，弹出“插入图片”对话框。

② 在“插入图片”对话框中，选择“D:\计算机应用基础实验素材\实验十”文件夹中的图片“显示器.jpg”，单击“插入”按钮。

③ 单击“图片工具-格式”选项卡“调整”选项组中的“颜色”下拉按钮，在其下拉列表中选择“设置透明色”选项。

④ 适当调整图片大小和位置。

3）插入视频，放映时自动播放。

① 单击“插入”选项卡“媒体”选项组中的“视频”下拉按钮，在其下拉列表中选择“PC 上的视频”选项，弹出“插入视频文件”对话框。

② 在“插入视频文件”对话框中，选择“D:\计算机应用基础实验素材\实验十”文件夹中的视频文件“东湖视频.wmv”。

③ 单击“插入”按钮，视频即插入到幻灯片中，单击“播放”按钮，即可播放视频。调整视频界面大小，将其置入“显示器”图片中，如图 10.6 所示。

④ 选定幻灯片中的视频界面，单击“视频工具-播放”选项卡“视频选项”选项组中的“开始”下拉按钮，在其下拉列表中选择“自动”选项。单击状态栏中的“幻灯片放映”按钮可以观看放映效果。

4）插入音频，放映时自动播放。

在第一张幻灯片中插入一段音乐。其操作步骤如下。

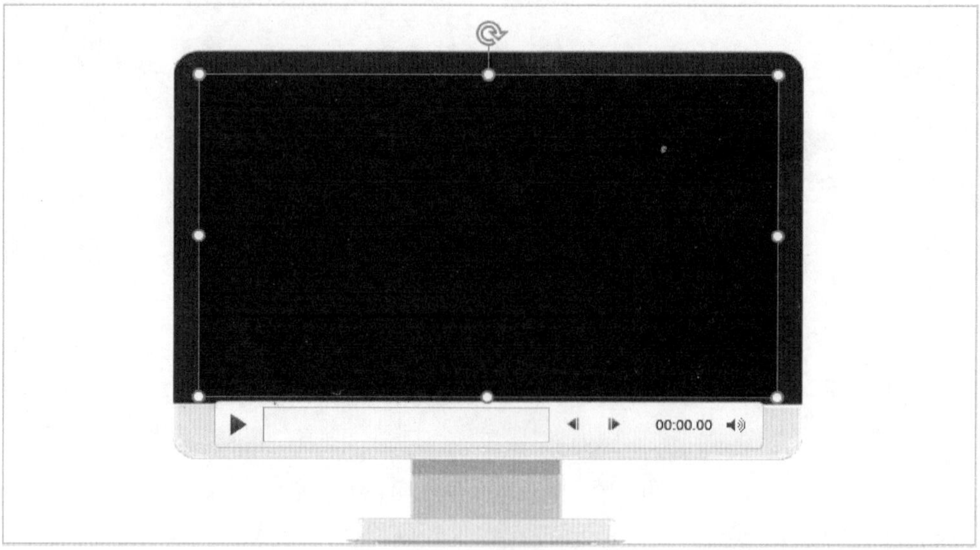

图 10.6　插入视频

① 单击“插入”选项卡“媒体”选项组中的“音频”下拉按钮，在其下拉列表中选择“PC 上的音频”选项，弹出“插入音频”对话框。

② 在“插入音频”对话框中，选择“D:\计算机应用基础实验素材\实验十”文件夹中的音频文件“梦里水乡. mp3”。

③ 单击“插入”按钮，在幻灯片中出现音频图标，单击该图标下的“播放”按钮可以试听声音。

④ 选定幻灯片中的音频图标，单击“音频工具-播放”选项卡“音频选项”选项组中的“开始”下拉按钮，在其下拉列表中选择“自动”选项，选中“跨幻灯片播放”“放映时隐藏”复选框，如图 10.7 所示。

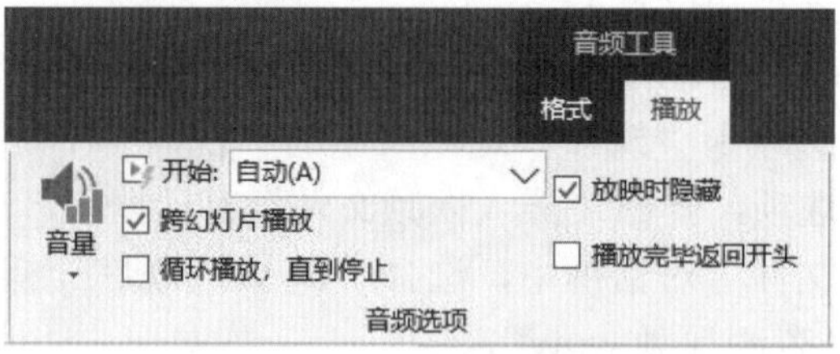

图 10.7　“音频选项”选项组

按【F5】键可以观看放映效果。

（6）应用主题

应用主题修饰所有幻灯片。其操作步骤如下。

1）单击“设计”选项卡“主题”选项组中的“其他”下拉按钮，弹出系统内置主题下拉列表，如图 10.8 所示。

2）右击下拉列表中的任何一个主题，在弹出的快捷菜单中可选择该主题应用的范围，默认的应用范围为“应用于所有幻灯片”。本例选择“丝状”主题。

图 10.8　系统内置主题下拉列表

（7）使用幻灯片母版

使用幻灯片母版，对演示文稿中的所有幻灯片添加“大美东湖”的标志。其操作步骤如下。

1）单击“视图”选项卡“母版视图”选项组中的“幻灯片母版”按钮，进入幻灯片母版视图。

2）在母版中插入“大美东湖”的标志。

① 单击“插入”选项卡“图像”选项组中的“图片”按钮。

② 弹出“插入图片”对话框，在“D:\计算机应用基础实验素材\实验十”文件夹中选择图片“大美东湖.png”。

③ 拖动图片到右上角。

3）关闭母版视图。

4）单击快速访问工具栏中的“保存”按钮，保存文件并命名为“东湖风光.pptx”，至此整个演示文稿制作完成。

2. 创建超链接

在演示文稿“东湖风光.pptx” 第二张幻灯片中创建超链接，实现幻灯片的跳转。其操作步骤如下。

（1）进行动作设置

1）选定第二张幻灯片中的文本“吹笛景区”。

2）单击“插入”选项卡“链接”选项组中的“动作”按钮，弹出“操作设置”对话框。

3）选择“单击鼠标”选项卡，选中“超链接到”单选按钮，在其下拉列表中选择“幻灯片…”选项，弹出“超链接到幻灯片”对话框。

4）在“幻灯片标题”列表框中选择“6.吹笛景区”选项，如图 10.9 所示，单击“确定”按钮，返回“操作设置”对话框，单击“确定”按钮，文本“吹笛景区”即变为带下划线的超链接。

注意：要查看超链接的跳转效果，需要放映幻灯片。按【F5】键，在幻灯片放映方式下单击超链接“吹笛景区”，即跳转到相应的幻灯片“6.吹笛景区”。

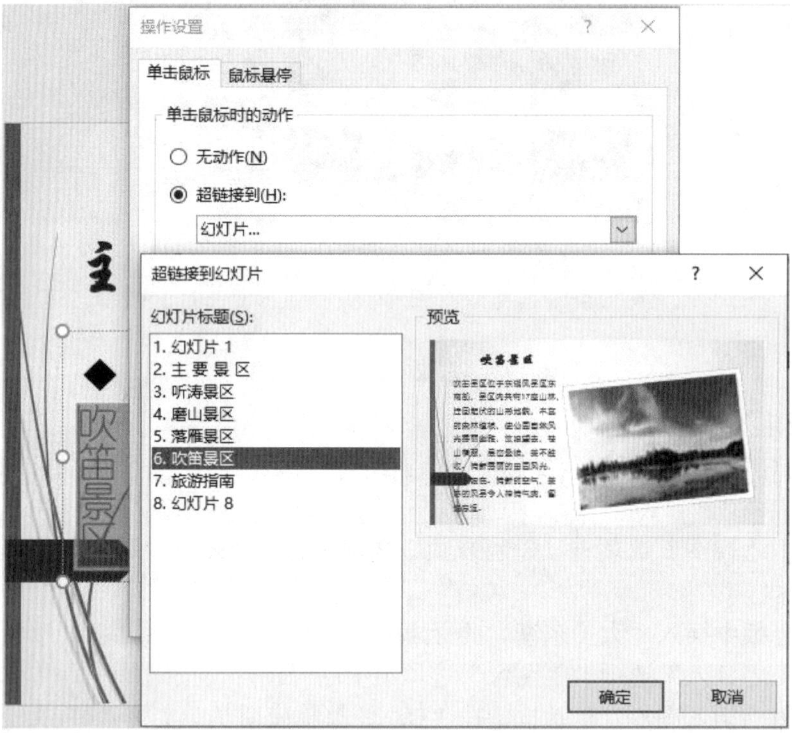

图 10.9　进行动作设置

5）重复以上操作，将“落雁景区”动作设置为超链接到“5.落雁景区”，“磨山景区”动作设置为超链接到“4.磨山景区”，“听涛景区”动作设置为超链接到“下一张幻灯片”。

（2）创建动作按钮

由于进行了动作设置，单击第二张幻灯片中的“吹笛景区”超链接就可以直接跳转到幻灯片“6.吹笛景区”。反之，如果需要从幻灯片“6.吹笛景区”返回到第二张幻灯片，则可以采用创建动作按钮的方式来实现。

1）选定幻灯片“6.吹笛景区”，单击“插入”选项卡“插图”选项组中的“形状”下拉按钮，在其下拉列表中选择“动作按钮”→“后退或前一项”动作按钮。

2）在幻灯片右下角拖动鼠标绘制动作按钮，释放鼠标左键后系统会自动弹出“操作设置”对话框。

3）选择“单击鼠标”选项卡，选中“超链接到”单选按钮，在其下拉列表中选择“幻灯片...”选项，弹出“超链接到幻灯片”对话框。在“幻灯片标题”列表框中选择“2.主要景区”选项，单击“确定”按钮，如图 10.10 所示，返回“操作设置”对话框后再次单击“确定”按钮即可。

4）重复以上操作，在“5.落雁景区”“4.磨山景区”“3.听涛景区”中也设置动作按钮链接到幻灯片“2.主要景区”。

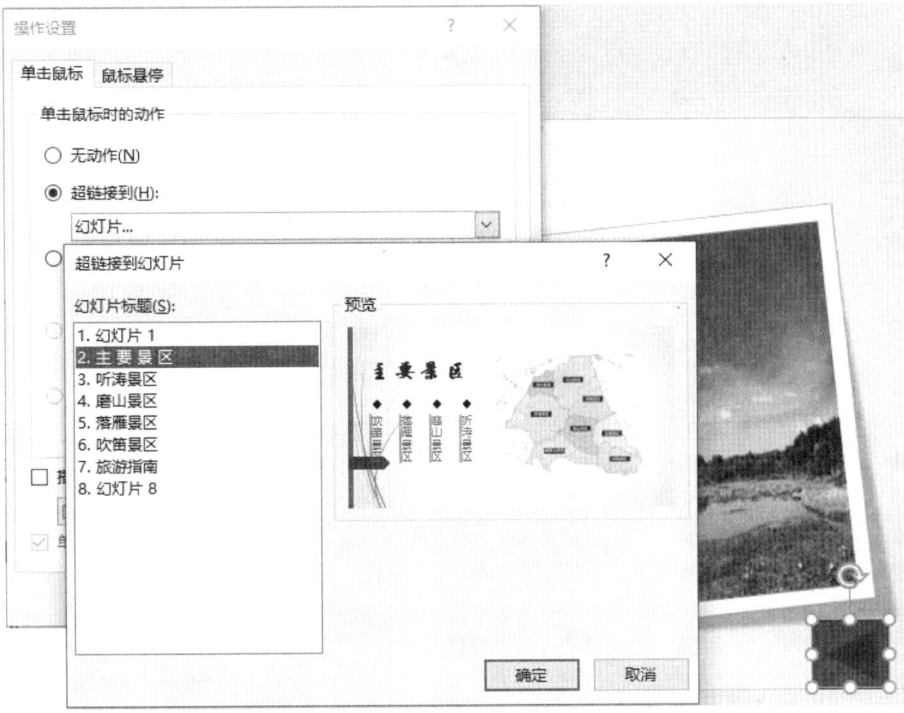

图 10.10　创建动作按钮

3. 放映幻灯片

幻灯片编辑完成之后，可以按【F5】键或者单击“幻灯片放映”选项卡“开始放映幻灯片”选项组中的相关按钮放映幻灯片。

对演示文稿“东湖风光.pptx”设置各种放映效果。其操作步骤如下。

（1）设置动画

设置动画是针对一张幻灯片内的各个对象进行的，幻灯片放映时才能看到效果。

1）为“东湖风光.pptx”第二张幻灯片文本区域中的文字设置动画效果。其操作步骤如下。

① 选定第二张幻灯片文本区域中的文本框。

② 单击“动画”选项卡“动画”选项组中的“其他”按钮，在弹出的列表框中选择“进入”→“擦除”效果，如图 10.11 所示。

③ 单击“动画”选项卡“动画”选项组中的“效果选项”下拉按钮，在其下拉列表中选择“方向”为“至顶部”，“序列”为“按段落”，如图 10.12 所示。

2）对第二张幻灯片中的图片设置动画效果。其操作步骤如下。

① 选定第二张幻灯片中的图片，单击“动画”选项卡“动画”选项组中的“其他”

按钮，在弹出的列表框中选择“进入”→“轮子”效果。

② 单击“计时”选项组中的“开始”下拉按钮，在其下拉列表中选择“上一动画之后”选项。

图 10.11 动画列表

图 10.12 “效果选项”下拉列表

3）按【F5】键进行放映，查看两个对象不同的动画效果。两个对象的设置顺序即为其出现顺序。

单击“动画”选项卡“高级动画”选项组中的“动画窗格”按钮，在打开的“动画窗格”窗格中可以查看幻灯片上所有的动画列表，单击向上或向下箭头按钮，可以上下移动列表中的对象，改变动画播放的顺序，如图 10.13 所示。

图 10.13　动画窗格

（2）设置幻灯片的切换方式

通过设置多张幻灯片间的切换效果也能加强演示文稿的多媒体效果。其操作步骤如下。

1）单击“切换”选项卡“切换到此幻灯片”选项组中的“其他”按钮，在弹出的列表框中选择“旋转”选项。单击“效果选项”下拉按钮，在其下拉列表中选择“自左侧”选项。

2）在“切换”选项卡“计时”选项组中，设置“换片方式”为“单击鼠标时”，“声音”为“风铃”，“持续时间”为“02.00”，如图 10.14 所示。单击“应用到全部”按钮，则所有幻灯片的切换方式均设置为“旋转”。

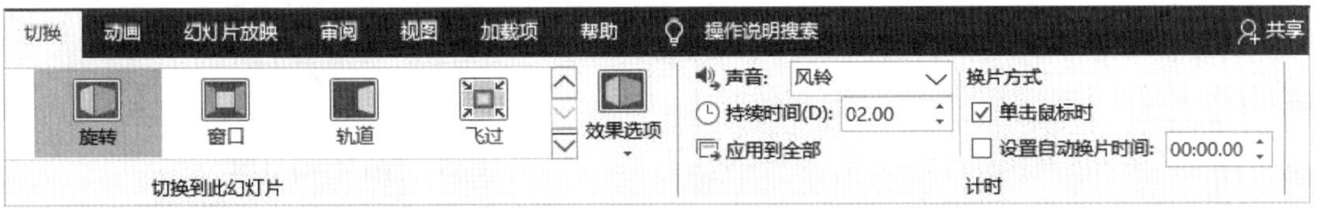

图 10.14　设置幻灯片的切换方式

注意：如果不单击“应用到全部”按钮，则只有当前选定的幻灯片切换方式为“旋转”。

（3）设置幻灯片的放映方式

1）设置手动放映。单击“幻灯片放映”选项卡“设置”选项组中的“设置幻灯片放映”按钮，弹出“设置放映方式”对话框，选中“推进幻灯片”选项组中的“手动”单选按钮，如图 10.15 所示。

2）设置自动放映。在设置自动放映方式之前，先要设定排练时间，操作步骤如下。

① 设置排练计时。单击“幻灯片放映”选项卡“设置”选项组中的“排练计时”按钮，激活排练方式。此时幻灯片开始放映，同时计时系统启动，如图 10.16 所示。

② 通过单击（或按【Enter】键）自行安排每张幻灯片放映时所需的时间。如果需要重新计时可以单击“撤消”按钮↺，需要暂停可以单击“暂停”按钮⏸。

③ 整个演示文稿放映完毕，系统将自动弹出是否保留新的幻灯片计时提示对话框，

并显示放映的总时间，单击“是”按钮保存排练计时，如图 10.17 所示。

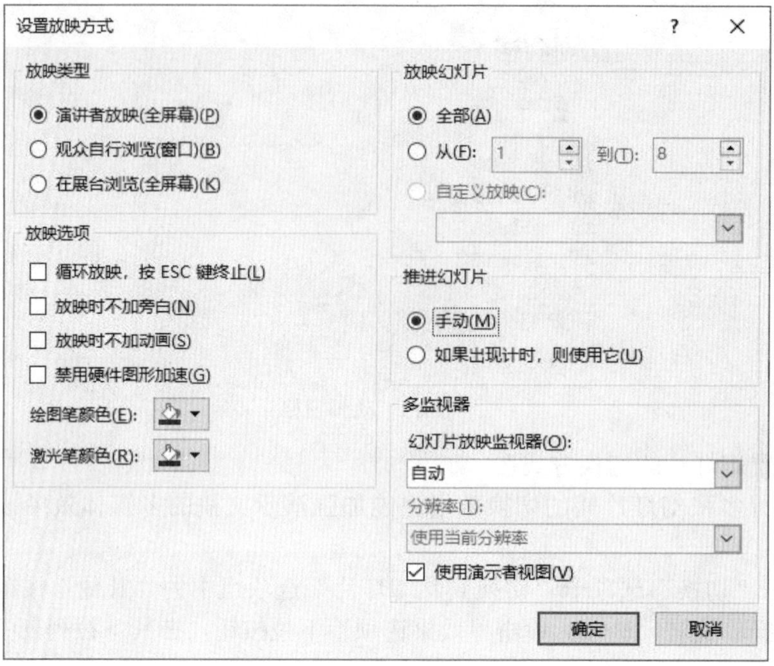

图 10.15　设置手动放映方式

图 10.16　排练计时

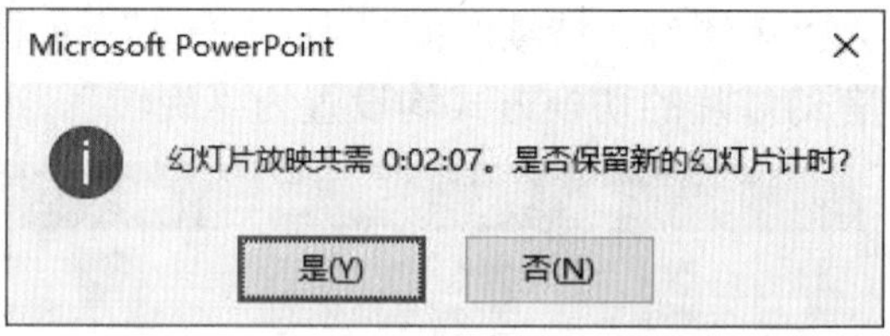

图 10.17　保存排练计时

④ 应用排练计时。单击“幻灯片放映”选项卡“设置”选项组中的“设置幻灯片放映”按钮，弹出“设置放映方式”对话框，选中“推进幻灯片”选项组中的“如果出现计时，则使用它”单选按钮。

⑤ 如果需要循环放映，可在“放映选项”选项组中选中“循环放映，按 ESC 键终止”复选框。

⑥ 单击“确定”按钮后按【F5】键即可实现自动放映。

设置完毕，以原文件名保存文件。

4. 保存为视频文件

将演示文稿“东湖风光.pptx”保存为视频文件。其操作步骤如下。

1）单击“文件”选项卡中的“导出”按钮，在打开的“导出”窗口中单击“创建视频”按钮，打开“创建视频”窗格，如图 10.18 所示。

图 10.18　“创建视频”窗格

2）单击“全高清(1080p)”下拉按钮，即可显示所有视频质量和大小的选项，此处选择“全高清(1080p)”。

3）单击“不要使用录制的计时和旁白”下拉按钮，在其下拉列表中选择“使用录制的计时和旁白”。

4）单击“创建视频”按钮，弹出“另存为”对话框。在对话框中指定存放位置为学生文件夹，文件名为“东湖风光.mp4”，单击“保存”按钮。

在学生文件夹中双击“东湖风光.mp4”文件即可播放视频。该视频文件能顺畅播放演示文稿中的动画和多媒体内容，无须在计算机上安装 PowerPoint 即可观看。

练习：参照“D:\计算机应用基础实验素材\实验十\练习-环境保护”文件夹中的“演示文稿样例.exe”文件，利用提供的素材，根据下列要求制作演示文稿，并将演示文稿命名为“环境保护.pptx”，并保存到学生文件夹中。

制作要求如下。

1）第一页，插入艺术字“环境保护”，样式类型如样例第一页。

2）第二页，参照样例第二页的内容、形式及动画效果制作该页。设置单击“大气污染”文本链接到第三页，单击“土壤污染”文本链接到第四页。

3）第三页，参照样例第三页的内容和动画效果制作该页，并设置样例中的动作按钮链接到第二页。

4）第四页，参照样例第四页的内容和动画效果制作该页。

5）第五页，参照样例第五页的内容和动画效果制作表格幻灯片。

6）第六页，参照样例第六页的内容、图表类型和动画效果，根据给定文件“图表素材.xlsx”中的数据制作图表幻灯片。

7）第七页，参照样例第七页的内容和动画效果制作该页。

8）为演示文稿每页幻灯片添加编号，形式如“1/7”，并显示在幻灯片右下角；每页幻灯片添加当前日期内容，并显示在幻灯片左下角；为每页幻灯片添加“地球”的标志，并显示在幻灯片左上角。

9）设置幻灯片切换方式，如样例所示。

10）在演示文稿第一张幻灯片中插入素材中提供的“星光夜语.mp3”音频文件，并将其作为演示文稿播放时的背景音乐。

实验十一　Internet 及网络基础

实验目的

1. 掌握 IE 的基本使用方法。
2. 掌握使用和整理收藏夹的方法。
3. 掌握使用搜索引擎在互联网上搜索信息的方法。
4. 掌握保存网上信息的方法。
5. 能够使用电子邮箱收发电子邮件。

知识要点

1. 浏览器的含义与种类

浏览器实际上是一个软件程序，用于与 WWW 建立连接，并与之进行通信。浏览器可以在 WWW 系统中根据超链接确定信息资源的位置，并收集用户感兴趣的信息资源，对 HTML 文件进行解释，然后将文字、图像或多媒体信息还原。

大多数用户使用的是 Microsoft 公司提供的 IE 浏览器，此外，还有其他一些浏览器，如搜狗浏览器、QQ 浏览器、火狐浏览器、360 浏览器、UC 浏览器等。

2. 电子邮件的意义

收发电子邮件是 Internet 中使用最多的一项功能。使用电了邮件传递信息时速度快、成本低。在技术上，电子邮件有普通函件无法比拟的优势，其不仅可以传递普通文本信息，还可以传递计算机程序文件、图像及声音等形式的信息。电子邮件的收发有两种方式：一是使用浏览器在电子邮局网站上在线收发邮件；二是使用专门的电子邮件客户端软件（如 Foxmail、Outlook Express 等）收发邮件。

3. 搜索引擎

搜索引擎是指根据一定的策略、运用特定的计算机程序从 Internet 上收集信息，在对信息进行组织和处理后，为用户提供检索服务，将与用户检索相关的信息展示给用户的系统。国外著名的搜索引擎有 Google 等，国内则有百度搜索等。搜索引擎从互联网提取各个网站的信息（以网页文字为主），从而建立起数据库，检索与用户查询条件相匹配的记录，并按一定的排列顺序返回结果。

实验内容及步骤

1. IE 浏览器的使用

（1）启动 IE 浏览器

双击桌面上的“Internet Explorer”图标，即可启动 IE 浏览器。

（2）在 IE 浏览器地址栏中输入 WWW 服务器的地址

例如，在 IE 浏览器地址栏中输入“http://www.wic.edu.cn”后，按【Enter】键确定。若连接成功，屏幕将显示“武汉城市学院”网站首页，如图 11.1 所示。

图 11.1 “武汉城市学院”网站首页

（3）IE 浏览器的工具栏的使用

1）“后退”和“前进”按钮。单击“后退”和“前进”按钮可在不同网页之间进行切换，浏览所需要的网页。

2）“刷新”按钮、“主页”按钮和“恢复”按钮。单击相应按钮即可执行相关操作。

2. 将网址添加到收藏夹

收藏夹是一个用于存放用户常用站点的文件夹，只要单击收藏夹中已存在的站点名称就能够快速访问该站点。

将“武汉城市学院”网站首页网址添加到收藏夹中。其操作步骤如下。

1）启动 IE 浏览器，访问“武汉城市学院”网站首页。

2）单击 IE 浏览器地址栏的“收藏夹”按钮，在弹出的“添加收藏”对话框的“名称”文本框中会自动出现“武汉城市学院”网站的标题，如图 11.2 所示，单击“添加到本地收藏夹”按钮，即可将“武汉城市学院”网站首页网址添加到收藏夹中。

3）关闭 IE 浏览器后将其重新启动。选择“收藏夹”→“武汉城市学院”选项，IE

浏览器会自动链接到“武汉城市学院”网址，从而进入“武汉城市学院”网站首页。

图 11.2　将网址添加到收藏夹

3. 整理收藏夹

用户不断往收藏夹添加网页信息，收藏夹中的网页数量会越来越多，如果不加以管理，会占据很多硬盘空间；而且较早收藏的一些网址现在已没有收藏的必要，因此需要对收藏夹进行整理。整理收藏夹的方法如下。

1）启动 IE 浏览器，单击工具栏中的“收藏夹”按钮，打开“本地收藏夹”任务窗格，如图 11.3 所示。

图 11.3　“本地收藏夹”任务窗格

2）对收藏夹进行整理。

① 若要删除收藏夹列表中的某一选项，则右击该选项，在弹出的快捷菜单中选择“删除”命令即可。

② 可以新建一个文件夹，用来存放指定的网页。单击“新建文件夹”按钮，收藏

夹列表中即出现一个新文件夹，并且新文件夹名称可更改。若要把某地址移到某一文件夹中，则选定该地址直接拖动到目标文件夹即可。

4. 搜索引擎的使用

在百度上进行搜索非常简便，只需在搜索框中输入一个或多个关键词（最适合描述需查找的信息的字词或词组），然后按【Enter】键或单击“百度一下”按钮即可。

使用百度搜索引擎查找与“计算机等级考试”相关的信息。其操作步骤如下。

1）连接到 Internet，启动 IE 浏览器，访问“百度”首页，如图 11.4 所示。

图 11.4 “百度”首页

2）在“百度”首页的搜索框中输入关键词“计算机等级考试”，然后单击“百度一下”按钮。

3）系统将打开显示搜索结果的窗口，其中包含查找到的网址的超链接，单击任意一个超链接即可打开相关的网页。

其他常用的中文搜索引擎有搜狗（http://www.sogou.com）、搜搜（http://www.soso.com）等。

5. 保存网上信息

保存网上信息的方法如下。

（1）保存当前页

1）在网页浏览窗口中按【Ctrl+S】组合键， 弹出“另存为”对话框，如图 11.5 所示。

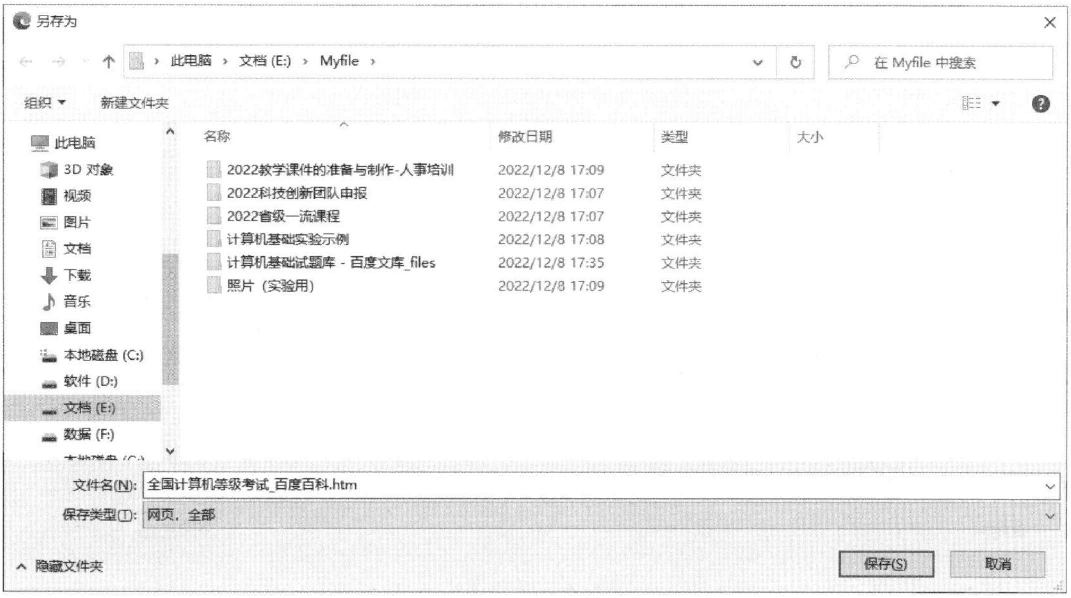

图 11.5　保存网页

2）选择要保存网页的位置，输入文件名，在“保存类型”下拉列表中选择文件类型。一般有以下两种文件类型可供选择。

① 网页，全部：保存显示该网页所需要的全部文件，包括图像、框架和样式表。选择该选项后将按原格式保存所有文件。

② 网页，仅 HTML：只保存当前 HTML 页，选择该选项只保存网页信息，不保存图像、声音或其他文件。

3）单击“保存”按钮完成操作。

注意：还可以在不打开网页的情况下保存该网页，前提是在当前浏览的网页中有该网页的超链接。右击要保存网页的超链接，在弹出的快捷菜单中选择“链接另存为”命令，弹出“另存为”对话框，选择保存网页的位置并输入文件名，然后选择要保存的文件类型，单击“保存”按钮，即可在不打开网页的情况下保存该网页。

（2）保存网页中的图片

1）在打开的网页中右击要保存的图片，在弹出的快捷菜单中选择“图片另存为”命令，弹出“另存为”对话框，如图 11.6 所示。

2）选择要保存图片的位置，输入文件名并选择保存文件的类型。

3）单击“保存”按钮，图片保存完毕。

练习：使用你所熟悉的搜索引擎完成下列操作：查找并下载全国计算机一级考试大

纲，并将其保存到学生文件夹中；将全国计算机等级考试一级合格证书样本（图片）保存到学生文件夹中。

图 11.6 保存图片

6. 收发电子邮件

（1）申请电子邮箱

电子邮件的收发需要电子邮箱，所以在收发电子邮件之前，需要申请一个电子邮箱。例如，在新浪网站申请一个免费电子邮箱，操作步骤如下。

1）在 IE 浏览器中访问新浪首页，单击“网站导航”中的“免费邮箱”超链接，进入新浪邮箱的登录页面，单击“立即注册”按钮，进入新浪免费邮箱注册页面，如图 11.7 所示。

2）按照页面提示在“邮箱地址”文本框中输入邮箱用户名（为了便于记忆，通常会将自己姓名的拼音作为邮箱用户名的一部分），如果该用户名已被注册，则显示提示信息“抱歉！该邮箱名已被占用，请重新选择一个”，重新输入直到出现标记“√”。

3）按照要求填入相应的内容。内容填写完毕后，单击“立即注册”按钮，进入新浪邮箱欢迎页面，单击“开始体验”按钮，即可进入刚刚申请的邮箱。

（2）查看邮件与下载附件

1）进入新浪首页，输入“登录名”和“密码”，单击“登录”按钮，即可进入邮箱。

2）在邮箱页面中，系统提示用户收到邮件的数量等信息。单击“收件夹”超链接，就可以打开“收件夹”窗口，系统会显示收到的所有邮件列表。在邮件列表框中显示了邮件的发信人、发信时间及邮件主题。单击任意一个邮件的主题，就可以打开该邮件，进入阅读邮件内容页面。如果打开的邮件包含附件，那么在邮件正文的下方将显示附件文件的超链接，只要单击该超链接即可打开附件；也可以右击该超链接，在弹出的快捷菜单中选择“目标另存为”命令，下载附件文件。

图 11.7 新浪免费邮箱注册页面

在阅读邮件内容页面可以单击“前一封”或“后一封”按钮查看其他邮件，还可以单击其他超链接对当前邮件进行回复、转发和删除等操作。

（3）写邮件

单击新浪邮件页面左侧的“写信”超链接，进入写邮件页面。

1）输入收件人地址。在“收件人”文本框中输入对方的 E-mail 地址，当有多个地址时用分号分隔开。如果建有通讯录，也可以通过“联系人”窗口选择收件人地址，将所选地址添加到输入框中，这种方法比直接输入更简单，而且不容易出错。

2）输入邮件的主题和正文。在“主题”文本框中输入所发邮件的主题，该主题将显示在收件人收件夹的“主题”区，发送时如果没有输入主题，将显示“无主题”。书写正文时，将光标定位到正文编辑区中输入邮件正文内容即可。

3）选择附件。如有需要，用户还可以将本地硬盘、闪存或光盘中的文件以附件的形式发送给其他用户。作为附件的文件类型不限，可以是文本、图像、图片或音频等不同内容及不同格式的文件。单击“添加附件”超链接，在弹出的对话框中选择要发送文件所在的盘符、文件夹，找到该文件并选定，然后单击“打开”按钮即可。

如果有多个附件，可以继续单击“添加附件”超链接，依次增加；如果要发送的是文件夹，则必须先用压缩软件将其压缩成一个文件。

（4）发送电子邮件

写完电子邮件后，确认收件人地址、邮件主题、正文和附件都正确无误后，单击“发送”按钮，系统便将邮件正文及其附件一同发送出去。收件人收到的附件可直接打开，也可通过网络下载到本地计算机后再打开。

（5）设置自动回复

设置自动回复的操作步骤如下。

1）将鼠标指针指向“新浪邮箱”页面右上方的“设置”标志，在其下拉菜单中选择“更多设置”命令，进入“设置区”页面。

2）在“自动回复”选项组中选中“启用”单选按钮，在下方文本框中填写回复电子邮件的内容，还可以选择“仅对通讯录中的联系人进行回复”复选框。

3）单击“保存”按钮即可完成电子邮件的发送。

（6）回复电子邮件

收到其他用户寄来的电子邮件后，如果需要回复，可以直接单击“回复”按钮，系统将自动进入写邮件页面。同时，寄件人的 E-mail 地址和邮件主题将自动添加到要回复邮件的收件人地址框和主题框中，其中主题变更为“回复：+ 原邮件的主题”。

（7）申请和使用电子邮箱的注意事项

1）在申请电子邮箱时，信息要填写完整并牢记密码保护等信息。这样即使忘记密码也可迅速找回密码，避免不必要的损失。

2）不要打开来历不明的邮件或广告邮件，尤其是不要打开邮件中携带的附件。遇到这类邮件应直接删除，以免受到木马病毒或其他病毒的危害。

3）不要随意把电子邮箱地址公布在一些不正规的网站上，以免受到垃圾邮件的侵袭。

4）定期登录电子邮箱清理邮件。

练习：在你所熟悉的网站上申请一个电子邮箱，并将在实验十中创建的视频文件“东湖风光.mp4”发送给朋友。

实验十二　常用工具软件的安装与使用

实验目的

1．掌握常用工具软件的下载及安装方法。

2．掌握常用工具软件的使用方法。

知识要点

工具软件是指用于辅助办公或者对计算机进行管理和维护的相对较小的软件。

1．工具软件的版本

根据软件的授权方式，在 Internet 上提供下载的工具软件一般有如下 5 种版本。

1）商业版（正式版）。商业版（正式版）就是正规的商业发行版。这种软件版本应通过正规购买方式获得，但一些网站将这种软件进行技术处理之后以软件包的形式提供下载。

2）试用版。试用版是软件开发商在正式版推出之前推出的试用版本，功能同正式版一样。此类软件在使用时间上有一定的限制，不能在正式版推出之后继续使用。

3）共享版。共享版就是共享软件。这类软件主要通过网络下载的方式发行，但软件开发者为了获取利益，会对软件进行技术处理，使用户在使用过程中受到一定限制，如限制使用次数、使用时间或某些高级功能。只有当使用者向软件开发者付费之后，才可通过注册码等方式对软件进行解锁，从而无障碍地使用软件。

4）免费版。免费版大多由个人开发，并免费提供给用户使用。这种软件没有任何功能、时间、次数上的限制，但一般不允许对该软件进行二次开发或用于商业盈利目的。

5）自由版。自由版不但向使用者提供没有任何限制的使用权限，而且遵循相关的自由软件授权协议，允许任何人对该软件进行二次开发或将其用于商业用途，甚至有时会提供软件源代码，如 Linux 软件就属于此类。

2．工具软件的选择

工具软件的种类较多，可以按照以下原则进行选择。

1）选择评价比较好的软件。

2）选择使用率比较高的软件。

3）选择占用内存小的软件。

实验内容及步骤

1. 下载工具软件

下载工具软件的通用方法是在软件下载网站（如天空软件站）下载；或使用搜索引擎（如百度），通过搜索或直接输入软件的下载网址打开软件的下载网址，单击网页中的下载链接即可自动调用默认的下载工具（如迅雷、网际快车等），或者使用 IE 浏览器进行下载。

2. 安装和卸载工具软件

（1）安装工具软件

工具软件下载到硬盘后，一般需要安装才能使用。工具软件的安装很简单，只要找到并运行其安装程序（多为 setup.exe 或软件名称.exe），然后根据安装向导的提示一步步安装即可。

安装工具软件时的注意事项如下。

1）如果下载的是压缩文件，则要先解压缩安装文件，然后再执行 setup.exe。

2）安装过程中有时需要注册，否则软件使用功能或时间将受限制。注册码一般保存在 sn.txt 或 readme.txt 等下载文件中。

（2）卸载工具软件

卸载工具软件有两种方法：一是通过“控制面板”卸载，选择“开始”→“Windows 系统”→“控制面板”命令，打开控制面板，单击“程序和功能”图标，打开“程序和功能”窗口，在“卸载或更改程序”列表中选定要卸载的软件后，单击“卸载”按钮；二是通过软件自带的卸载程序卸载。

3. 常用的工具软件

（1）文件压缩/解压缩软件 WinRAR

WinRAR 软件是目前比较流行的压缩/解压缩工具之一。其支持鼠标拖放及外壳扩展，内置程序可以解开 CAB、ARJ、LZH 等多种类型的压缩文件，同时具有估计压缩功能，可以在压缩文件之前得到对其应用 ZIP 和 RAR 两种格式压缩的大概压缩率（若压缩率高，则资源占用相对较少）。另外，它还具备大多压缩工具所不支持的固定压缩、多媒体压缩和多卷自释放压缩功能。

1）单个文件的压缩和解压缩。对文件“东湖风光. pptx”（见实验十）进行压缩，操作步骤如下。

① 在原文件夹下生成同名的压缩文件。右击该文件，在弹出的快捷菜单中选择“添加到‘东湖风光.rar’”命令，即可在原文件夹下生成同名的压缩文件“东湖风光.rar”，如图 12.1 所示。

② 在其他文件夹下生成不同名的压缩文件。选定该文件并右击，在弹出的快捷菜单中选择“添加到压缩文件”命令，弹出“压缩文件名和参数”对话框，如图 12.2 所示，设置“压缩文件名”为“E:\东湖风光（压缩）.rar”，“压缩文件格式”为“RAR”，“压缩方式”为“标准”，“更新方式”为“添加并替换文件”。

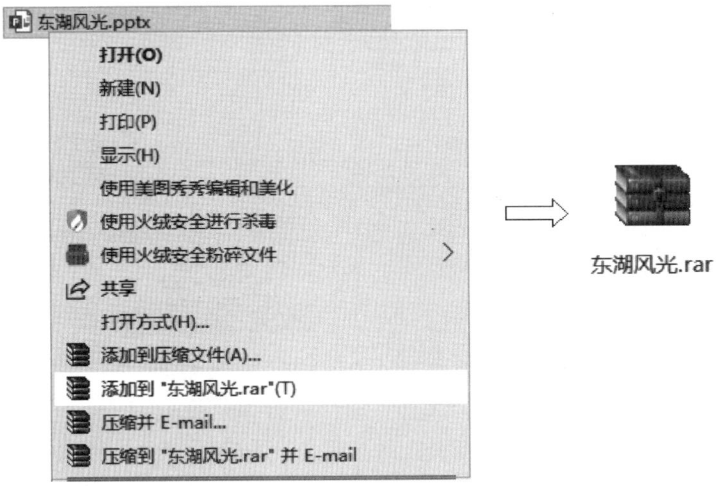

图 12.1　单个文件的压缩

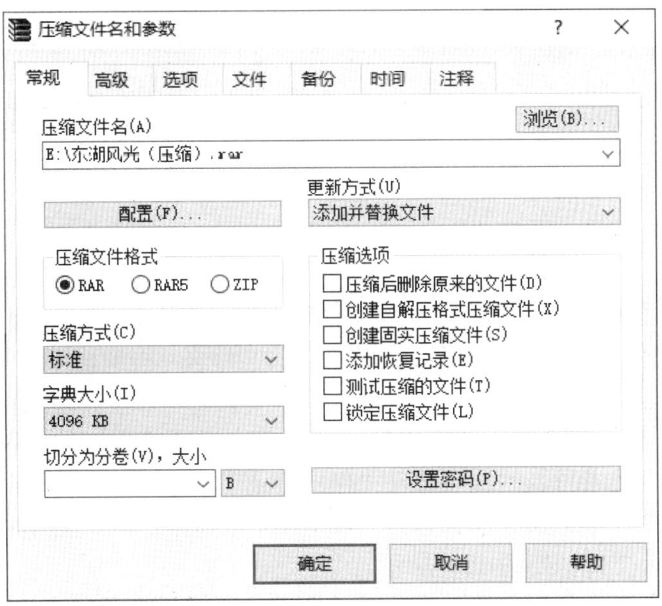

图 12.2　“压缩文件名和参数”对话框

单击“确定”按钮，在 E 盘中生成压缩文件“东湖风光（压缩）.rar”，此时生成的压缩文件与原文件不同名，所在文件夹也不同。

对压缩文件“东湖风光. rar”进行解压缩的方法有以下两种。

① 将压缩文件释放到当前目录。右击“东湖风光.rar”文件，在弹出的快捷菜单中

选择“解压到当前文件夹”命令，即在当前目录下生成解压文件“东湖风光.pptx”。

② 在“解压路径和选项”对话框中进行解压缩。右击该文件，在弹出的快捷菜单中选择“解压文件”命令，弹出“解压路径和选项”对话框，如图 12.3 所示。设置“目标路径（如果不存在将被创建）”为“E:\202301012 张山\Documents”，“更新方式”为“解压并替换文件”，“覆盖方式”为“覆盖前询问”。

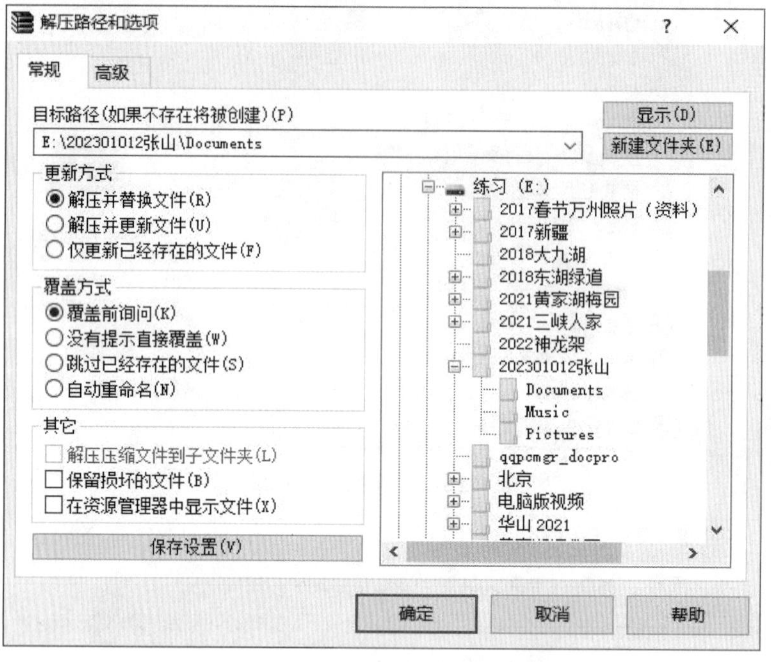

图 12.3 “解压路径和选项”对话框

单击“确定”按钮，即在“E:\202301012 张山\Documents”文件夹中生成解压文件“东湖风光.pptx”。

2）文件夹的压缩和解压缩。对一个文件夹中的多个文件进行压缩的操作步骤如下。

① 在学生文件夹中新建一个名为“作业”的文件夹，将要压缩的多个文件放入“作业”文件夹内。

② 右击“作业”文件夹，在弹出的快捷菜单中选择“添加到‘作业. rar’”命令，即可在原文件夹下生成同名的压缩文件“作业. rar”。

双击压缩文件“作业. rar”，会打开 WinRAR 主窗口，双击“作业”文件夹，即可查看已压缩的多个文件，如图 12.4 所示。

对一个文件夹中的多个文件进行解压缩的操作步骤与单个文件的解压缩相同。

（2）电子书籍阅读软件 Adobe Reader

Adobe Reader 是美国 Adobe 公司开发的一款 PDF 文档阅读工具，支持快速查看、阅读和打印 PDF 文档。

1）打开 PDF 文档。启动 Adobe Reader，选择“文件”→“打开”命令，或者单击“打开”超链接，弹出“打开最近打开的文件”窗口，如图 12.5 所示。选择一个 PDF 文档，单击“打开…”按钮即可。

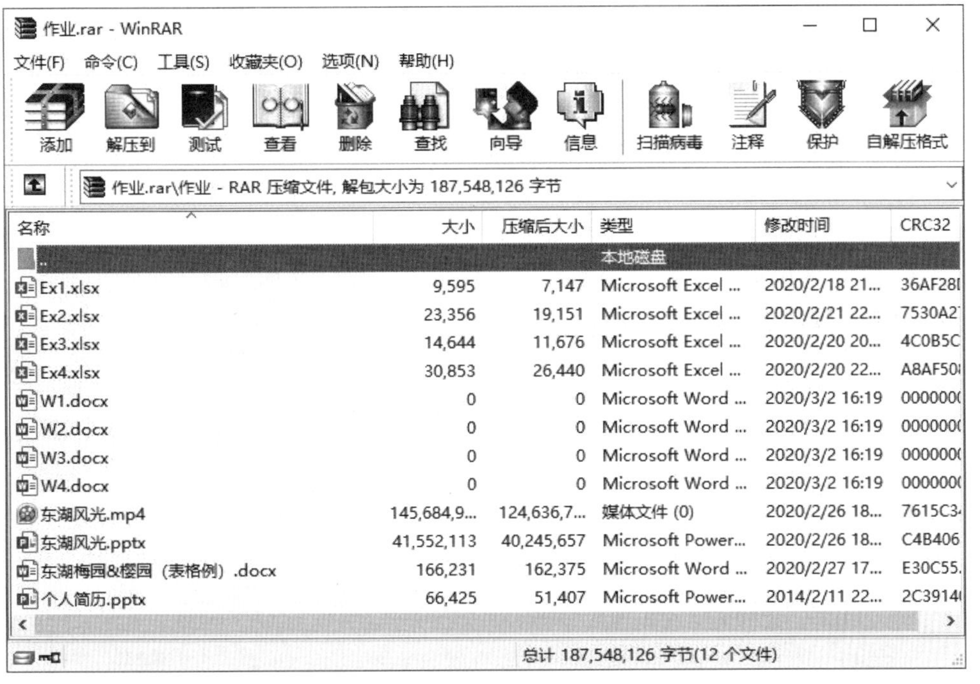

图 12.4　WinRAR 主窗口

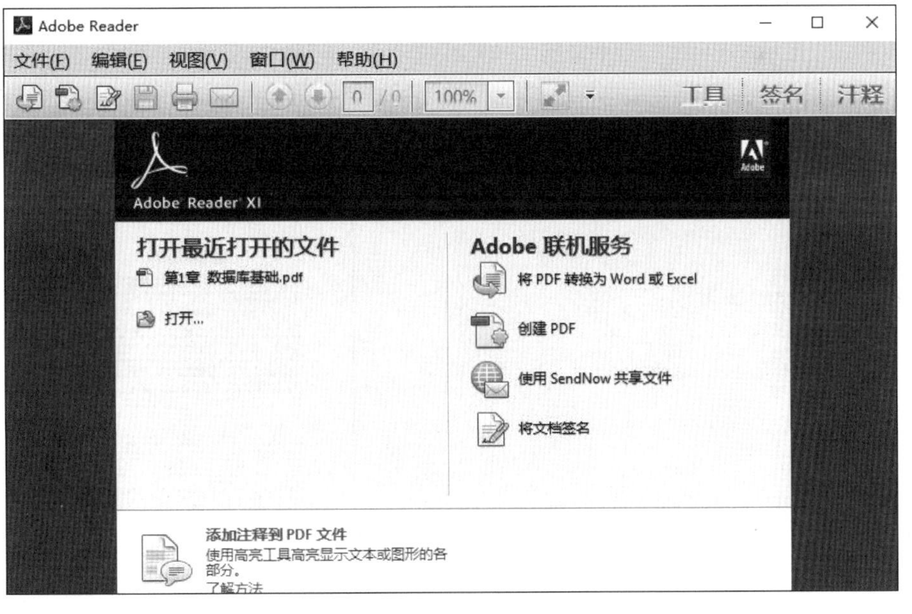

图 12.5　Adobe Reader 用户界面

2）查看 PDF 文档。Adobe Reader 内置了 PDF 文档查看工具，如图 12.6 所示，用户可根据需要单击相应工具按钮查看 PDF 文档。

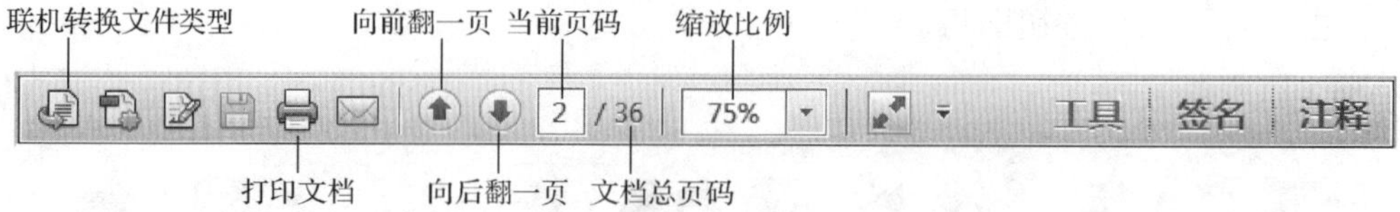

图 12.6　Adobe Reader 工具栏

3）复制 PDF 文档中的文字。用户可将 PDF 文档中的文字复制下来，以便使用。其操作步骤如下。

① 在 PDF 文档中右击，在弹出的快捷菜单中选择“选择工具”命令。

② 拖动鼠标，选定要复制的文字。

③ 右击选定的文字，在弹出的快捷菜单中选择“复制”命令，即可将选定的文字复制到剪贴板中。

4）打印 PDF 文档。使用 Adobe Reader 可快速打印 PDF 文档。其操作步骤如下。

① 单击工具栏中的“打印”按钮，弹出“打印”对话框，如图 12.7 所示。

② 选择打印机名称，设定打印范围，选择页面处理方式。

③ 单击“确定”按钮，即可开始打印 PDF 文档。

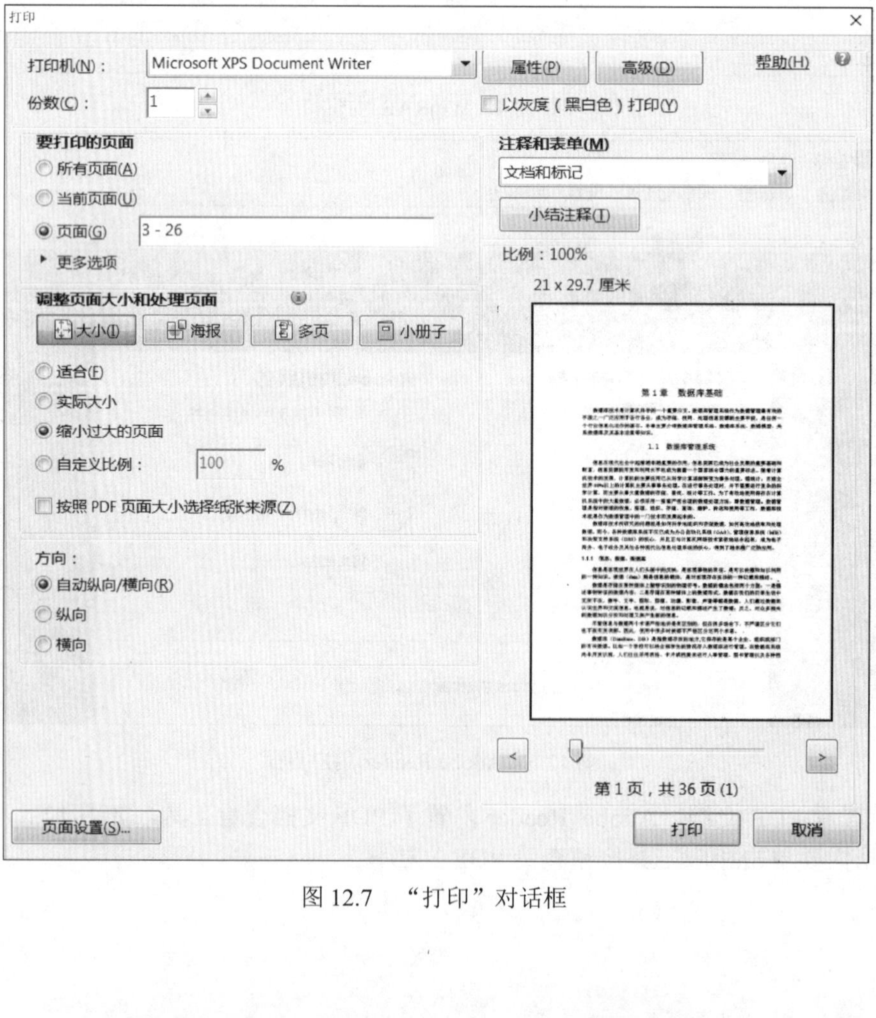

图 12.7　“打印”对话框

（3）查询中英文单词软件

利用金山词霸软件可以方便地查询中英文单词。“金山词霸”主界面如图 12.8 所示。

图 12.8　“金山词霸”主界面

在“金山词霸”主界面上方的搜索框中输入要查询的英文单词，如“computer”，系统即可自动显示“computer”的中文含义以及与“computer”相关的词语，如图 12.9 所示。

图 12.9　“金山词霸”的使用

金山词霸的屏幕取词功能是非常人性化的一个附加功能。选中“金山词霸”主界面左下方的“取词”复选框，开启取词功能后，只要将鼠标指针指向屏幕上的任何中英文字词，就会出现浮动的取词条，用户可以方便地看到单词的音标、注释等相关内容。

（4）媒体播放软件

1）Windows Media Player。Windows Media Player 是 Microsoft 公司在 DirectShow 基础上开发的媒体播放软件，支持多种媒体文件格式，能直接播放包括 WMA、WMV、WAX、ASF、MPEG、WAV、AVI、MIDI、VOD、AU、MP3 等格式在内的多种媒体文件。

① 启动 Windows Media Player。选择“开始”→“Windows Media Player”命令，打开“Windows Media Player”窗口，如图 12.10 所示。

图 12.10 “Windows Media Player”窗口

② 导入媒体。以导入音乐为例，选择工具栏中的“组织”→“管理媒体库”→“音乐”选项，如图 12.11 所示。弹出“音乐库位置”对话框，如图 12.12 所示，单击“添加”按钮，弹出“将文件夹加入‘音乐’中”对话框，选择要添加到媒体库中的音乐文件夹，单击“加入文件夹”按钮，返回“音乐库位置”对话框，所选的音乐文件夹已经添加进来。单击“确定”按钮，则音乐文件导入到媒体库中。

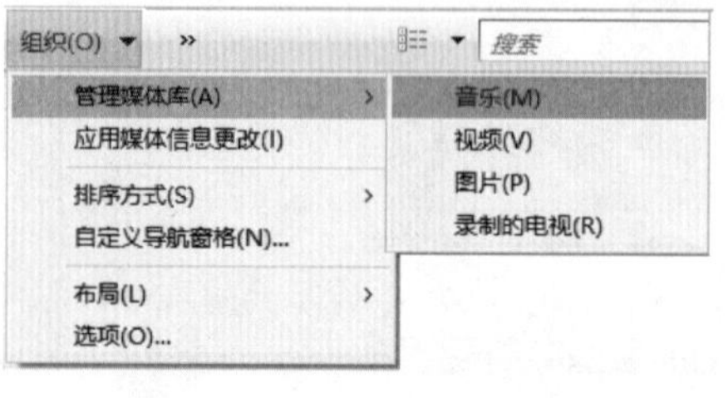

图 12.11 导入媒体

图 12.12　“音乐库位置”对话框

也可以将一个文件夹中的部分文件导入媒体库，选择“文件”→“打开”命令，弹出“打开”对话框，找到媒体文件的位置，按住【Ctrl】键，选择需要的文件后释放【Ctrl】键，单击“打开”按钮，将选中的文件导入到播放列表中。

提示：如果没有显示菜单栏，则选择工具栏中的“组织”→“布局”→“显示菜单栏”选项即可显示菜单栏。

③ 播放音频或视频。在“播放”选项卡中打开播放列表，双击要播放的音频或视频文件名即可播放。

Windows Media Player 有“媒体库”和“正在播放”两种播放模式。在“媒体库”模式（图 12.10）下用户可以全面控制播放器的功能；而“正在播放”模式则简化了媒体视图，使之更适用于播放。单击播放器右下角的“切换到正在播放”按钮，即可从“媒体库”模式切换到“正在播放”模式，如图 12.13 所示。若要返回“媒体库”模式，可单击播放器右上角的“切换到媒体库”按钮。

图 12.13　“正在播放”模式

如果要播放 Internet 上的文件，选择“文件”→“打开 URL”命令，弹出“打开 URL”对话框，如图 12.14 所示；在“打开”文本框中输入播放文件的 URL，单击“确定”按钮即可。

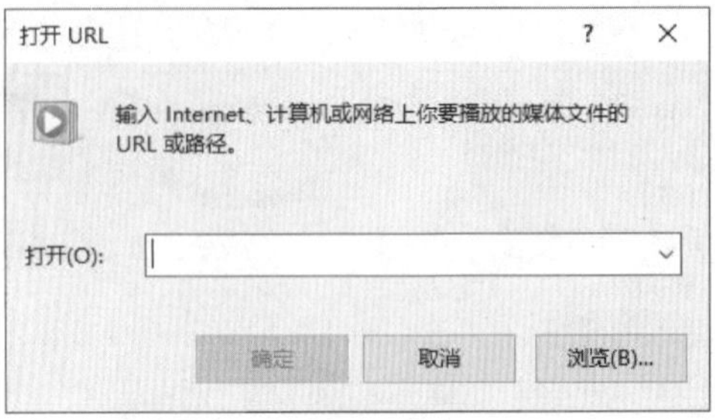

图 12.14　“打开 URL”对话框

2）QQ 影音播放器。QQ 影音播放器是目前比较流行的媒体播放软件之一，可以播放任何格式和编码的视频，如图 12.15 所示。

图 12.15　QQ 影音播放器

① 播放音频和视频文件。单击 QQ 影音主界面中的“打开文件”按钮，或单击右上角的“主菜单”按钮，在弹出的菜单中选择“文件”→“打开文件”命令，如图 12.16 所示，在弹出的“打开”对话框中选择要播放的文件，单击“打开”按钮即可。

如果要播放 Internet 上的文件，选择“文件”→“打开 URL”命令，弹出“打开 URL”对话框，在“打开”文本框中输入播放文件的 URL，单击“确定”按钮即可。

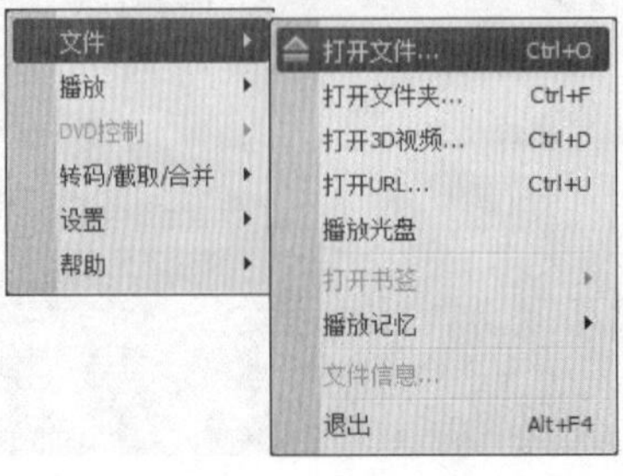

图 12.16　“文件”菜单

② 设置 QQ 影音播放器。右击 QQ 影音播放器主界面，在弹出的快捷菜单中选择“播放器设置”命令，弹出“播放器设置”对话框，如图 12.17 所示。在“播放器设置”对话框中可对 QQ 影音的各项参数进行设置。

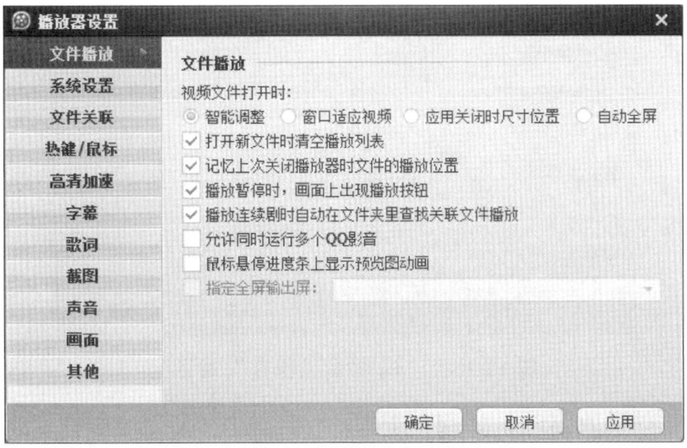

图 12.17　“播放器设置”对话框

③ 截取视频/音频。在播放视频/音频文件时，单击 QQ 影音播放器主界面底部的“影音工具箱”下拉按钮，在其下拉列表中选择“截取”选项，如图 12.18 所示，然后在播放控制条上设置截取视频/音频的起点和终点（可通过微调按钮进行逐帧调整），截取界面如图 12.19 所示。单击“保存”按钮，弹出“视频/音频保存”对话框，如图 12.20 所示，在该对话框中设置文件保存格式、位置及文件名后，单击“确定”按钮。

图 12.18　影音工具箱

在播放视频文件时，右击 QQ 影音播放器主界面，在弹出的快捷菜单中选择“转码/截取/合并”→“截图”命令，则可截取当前视频显示的画面。

图 12.19　截取视频/音频界面

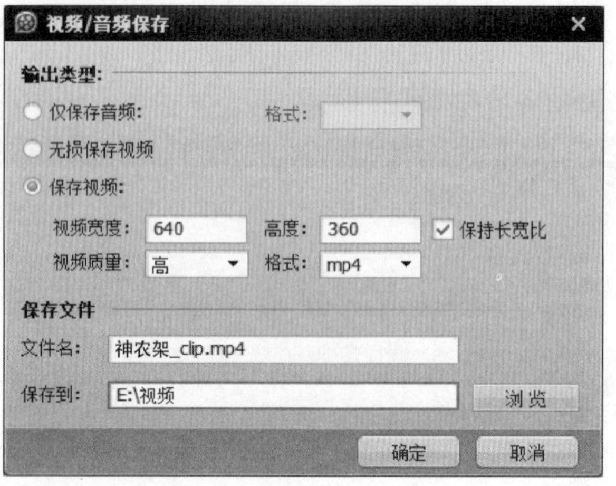

图 12.20 “视频/音频保存”对话框

在使用 QQ 影音播放器时，如果能熟记一些常用的快捷键操作，则可增加更多的视听乐趣。这些常用的快捷键如下。

全屏显示：按【Enter】键全屏显示，再次按下【Enter】键恢复原始大小。

暂停播放：按【Space】键或单击视频。

加速播放：按【Ctrl+↑】组合键。

减速播放：按【Ctrl+↓】组合键。

第二部分　习　　题

习题一　信息技术与计算机

一、单项选择题

1．一般认为，信息是（　　）。

A．数据

B．人们关心的事情的消息

C．反映物质及其运动属性及特征的原始事实

D．记录下来的可鉴别的符号

2．信息资源的开发和利用已经成为独立的产业，即（　　）。

A．第二产业　　B．第三产业　　C．信息产业　　D．房地产业

3．信息技术是在信息处理中所采取的技术和方法，也可看作（　　）的一种技术。

A．信息存储功能　　B．扩展人的感觉和记忆功能

C．信息采集功能　　D．信息传递功能

4．3C 技术指（　　）。

A．新材料和新能量

B．电子技术、微电子技术、激光技术

C．计算机技术、通信技术、控制技术

D．信息技术在人类生产和生活中的各种具体应用

5．为了加强计算机信息系统的安全保护工作，促进计算机应用和发展，保障社会主义现代化顺利进行，1994 年 2 月 18 日，国务院发布了（　　）。

A．《计算机使用与管理条例》

B．《中华人民共和国计算机信息系统安全保护条例》

C．《软件与知识产权的保护条例》

D．《中华人民共和国计算机信息网络国际联网暂行规定》

6．简单的个人计算机，在硬件上一般由（　　）等部分组成。

A．主机、显示器、键盘和鼠标　　B．CPU、内存、电源

C．主机、硬盘、光盘　　D．CPU、主存、外设

7．使用超大规模集成电路制造的计算机应该归属于（　　）。

A．第一代　　B．第二代　　C．第三代　　D．第四代

8．CAI 指（　　）。

A．计算机辅助教学　　B．计算机辅助设计

C．计算机辅助制造　　D．计算机辅助管理

9．信息的特性不包括（　　）。

A．时效性　　B．中介性　　C．普遍性　　D．独有性

10．普通计算机不具备的特点是（　　）。

A．具有人类思维　　B．具有记忆和逻辑判断能力

C．能自动运行、支持人机交互　　D．有高速运算的能力

11．对待计算机软件，正确的态度是（　　）。

A．计算机软件不需要保护

B．计算机软件只要能复制得到就不必购买

C．计算机软件不必有备份

D．受法律保护的计算机软件不能随便复制

12．U 盘避免感染计算机病毒的一种有效方法是（　　）。

A．U 盘远离电磁场

B．定期对 U 盘作格式化处理

C．对 U 盘加上写保护

D．禁止与有病毒的其他 U 盘放在一起

13．为了防止计算机硬件的突然故障或病毒入侵对数据的破坏，对于重要的数据文件和工作资料在每天工作结束后通常应（　　）。

A．直接保存在硬盘之中　　B．用专用设备备份

C．打印出来　　D．压缩后存储到硬盘中

14．2017 年 6 月 1 日起《中华人民共和国网络安全法》正式实施，规定贩卖（　　）条个人信息可入罪。

A．50　　B．100　　C．500　　D．1000

15．国际标准书号的简称是（　　）。

A．ISSN　　B．CSBN　　C．ISBN　　D．ISO

16．在计算机内部，用来传送、存储的数据或指令以（　　）形式进行。

A．二进制码　　B．拼音简码　　C．八进制码　　D．五笔字型码

17．所谓的“第五代计算机”指（　　）。

A．多媒体计算机　　B．神经网络计算机

C．生物细胞计算机　　D．人工智能计算机

18．在信息时代，计算机的应用非常广泛，主要有如下几大领域：科学计算、信息处理、过程控制、计算机辅助工程、家庭生活和（　　）。

A．现代教育　　B．军事应用

C．电子商务　　D．以上都不是

19．数据都具有一定的（　　），如果采集到的数据不能得到及时处理，最终会过期作废，失去应用的价值。

A．时效性　　B．规律性　　C．隐蔽性　　D．优先级

20．大数据应用的最终目的是通过挖掘和分析，发现（　　）或规律，进而指导实际工作。

A．变化　　B．趋势　　C．结论　　D．不足

21．大数据技术的发展趋势，一是技术应用平民化，二是与云计算关系越来越密切，三是（　　）的紧密结合。

A．物联网　　B．互联网　　C．企业网　　D．物流网

22．信息安全等级保护，是对信息和（　　）按照重要性等级分级别进行保护的一种工作。

A．信息大小　　B．信息数量　　C．信息载体　　D．信息渠道

23．随着《中华人民共和国网络安全法》等多部相关法律法规的颁布实施，信息安全已上升为（　　）。

A．国家战略　　B．行业标准　　C．行业规则　　D．地方政策

24．现有的杀毒软件做不到的是（　　）。

A．预防部分病毒　　B．杀死部分病毒

C．清除部分黑客软件　　D．防止黑客入侵

25．下列描述中，正确的是（　　）。

A．杀毒软件通常滞后于计算机新病毒的出现

B．杀毒软件总是超前于病毒的出现，它可以查、杀任何种类的病毒

C．感染过计算机病毒的计算机具有对该病毒的免疫性

D．计算机病毒会危害计算机用户的健康

26．我们平时所说的计算机病毒，实际是（　　）。

A．有故障的硬件　　B．一段文章

C．一段程序　　D．微生物

27．为了预防计算机病毒的感染，应当（　　）。

A．经常让计算机晒太阳　　B．定期用高温对软盘消毒

C．对操作者定期体检　　D．用抗病毒软件检查外来的软件

28．计算机病毒是一段可运行的程序，一般（　　）保存在磁盘中。

A．作为一个文件　　B．作为一段数据

C．不作为单独文件　　D．作为一段资料

29．病毒在感染计算机系统时，一般（　　）感染系统的。

A．病毒程序都会在屏幕上提示，待操作者确认（允许）后

B．是在操作者不觉察的情况下

C．病毒程序会要求操作者指定存储的磁盘和文件夹后

D．在操作者为病毒指定存储的文件名以后

30．在大多数情况下，病毒侵入计算机系统以后，（　　）。

A．病毒程序将立即破坏整个计算机软件系统

B．计算机系统将立即不能执行用户的各项任务

C．病毒程序将迅速损坏计算机的键盘、鼠标等操作部件

D．一般并不立即发作，等到满足某种条件的时候，才会出来活动、破坏

31．彻底防止病毒入侵的方法是（　　）。

A．每天检查磁盘有无病毒　　B．定期清除磁盘中的病毒

C．不自己编制程序　　D．还没有研制出来

32．下列关于计算机病毒的描述中，只有（　　）是对的。

A．计算机病毒是一段可执行程序，一般不单独存在

B．计算机病毒除了感染计算机系统外，还会传染给操作者

C．良性计算机病毒就是不会使操作者感染的病毒

D．研制计算机病毒虽然不违法，但也不提倡

33．下列关于计算机病毒的说法中，正确的是（　　）。

A．计算机病毒是磁盘发霉后产生的一种会破坏计算机的微生物

B．计算机病毒是患有传染病的操作者传染给计算机，影响计算机正常运行

C．计算机病毒是有故障的计算机自己产生的、可以影响计算机正常运行的程序

D．计算机病毒是人为制造出来的、干扰计算机正常工作的程序

34．计算机病毒的主要危害有（　　）。

A．损坏计算机的外观　　B．干扰计算机的正常运行

C．影响操作者的健康　　D．使计算机腐烂

35．计算机染上病毒的特征之一是（　　）。

A．机箱开始发霉　　B．计算机的灰尘很多

C．文件长度不断增长　　D．螺丝钉松动

36．计算机病毒实质上是（　　）。

A．一种操作者的幻觉　　B．一类化学物质

C．一些微生物　　D．一段程序

37．下列各项中，（　　）是预防计算机病毒传染的有效办法。

A．操作者不要得病　　B．经常将计算机晒太阳

C．控制移动盘的交换复制　　D．经常清洁计算机

38．下列各项中，清除计算机病毒的有效方法是（　　）。

A．列出病毒文件目录并删除　　B．用专用软件杀毒

C．用阳光照射消毒　　D．对磁盘进行高温消毒

39．使用杀毒软件对计算机进行杀毒以前，应（　　）。

A．清洁计算机外壳的灰尘　　B．用干净的系统软盘启动计算机

C．先对硬盘进行格式化处理　　D．对操作者进行体检

40．对于重要的计算机系统，更换操作人员时，应该（　　）原操作员的工作。

A．立即停止　　B．一周内停止

C．一个月内停止　　D．3 天内停止

41．对于重要的计算机系统，更换操作人员时，应当（　　）系统的口令密码。

A．立即改变　　B．一周内改变

C．一个月内改变　　D．3 天内改变

42．计算机病毒来源于（　　）。

A．影响用户健康的霉菌发生了变化

B．一种类型的致病微生物

C. 不良分子编制的程序

D. 计算机硬盘的损坏或霉变

43. 开发保密的计算机应用系统时，研制人员与操作使用人员（ ）。

A. 最好是同一批人
B. 应当分开
C. 不能有传染病
D. 应做健康检查

44. 计算机系统使用过的、记录有机密数据和资料的物品，作废后应当（ ）。

A. 集中销毁
B. 及时丢进垃圾堆
C. 送废品回收站
D. 及时用药物消毒

45. 违法分子实施计算机病毒犯罪以后，计算机系统（ ）。

A. 将立即不能正常运行
B. 可能在表面上仍然在正常运行
C. 将不能再重新启动
D. 会立即毁坏

46. 计算机系统感染病毒以后，（ ）。

A. 将立即不能正常运行
B. 可能在表面上仍然在正常运行
C. 将不能再重新启动
D. 会立即毁坏

47. 从已经破获的案件看，实施计算机犯罪的人，多数都是（ ）。

A. 有计算机知识的年轻人
B. 缺乏计算机知识的文盲
C. 缺乏计算机知识的老年人
D. 有计算机知识的老人

48. 防止计算机病毒在社会流行的最有效的方法是（ ）。

A. 不断提高反病毒技术
B. 从管理、技术、制度、法律等方面同时采取预防病毒的措施
C. 禁止一切学校、培训班讲授计算机病毒程序的编制技巧
D. 禁止出版有关计算机病毒知识的书籍、期刊、报纸

49. 用硬件预防计算机病毒的方法主要是（ ）。

A. 利用不容易损坏的名牌芯片制造计算机
B. 将计算机系统安装在清洁、无病菌的房间内
C. 将抗病毒软件固化在芯片中，防止病毒的入侵和破坏
D. 将固定计算机的所有螺钉都改用不锈钢螺钉

50. 当前的抗病毒软件是根据已发现的病毒的行为特征研制出来的，能对付（ ）。

A. 在未来一年内产生的新病毒
B. 已知病毒和它的同类
C. 将要流行的各种病毒
D. 已经研制出的各种病毒

51. 下列措施中，（ ）不是减少病毒传染和造成损失的好办法。

A. 重要的文件要及时、定期备份，使备份能反映系统的最新状态
B. 外来的文件要经过病毒检测才能使用，不要使用盗版软件
C. 不与外界进行任何交流，所有软件都自行开发
D. 定期用抗病毒软件对系统进行查毒、杀毒

52. 在检测、杀灭计算机病毒以前，应当（ ）引导系统。

A. 切断电源后用干净的系统盘重新
B. 按【Ctrl+Alt+Delete】组合键

C．按复位键重新

D．用原来的硬盘或光盘重新

53．在用抗病毒软件查、杀病毒以前，应当（　　）。

A．对计算机进行高温加热　　B．备份重要文件

C．对计算机进行清洁　　D．洗干净手

54．空气湿度过低对计算机造成的危害体现在（　　）。

A．使线路间的绝缘度降低，容易漏电

B．容易产生腐蚀，导致电路工作不可靠

C．容易产生静电积累，容易损坏半导体芯片和使存储器件中的数据丢失

D．计算机运行程序的速度明显变慢

55．不要频繁地开关计算机电源，主要是（　　）。

A．避免计算机的电源开关损坏　　B．减少感生电压对器件的冲击

C．减少计算机可能受到的震动　　D．减少计算机的电能消耗

56．在下列操作中，（　　）不会传播计算机病毒。

A．将别人使用的软件复制到自己的计算机中

B．通过计算机网络与他人交流软件

C．将自己的U盘与可能有病毒的U盘存放在一起

D．在自己的计算机上使用其他人的U盘

57．计算机系统的实体安全指保证（　　）安全。

A．安装的操作系统　　B．操作人员

C．计算机系统硬件　　D．计算机硬盘内的数据

58．在机房内要尽可能穿棉、麻等天然纤维衣物的原因是它们（　　）。

A．不容易产生静电　　B．容易产生静电

C．灰尘少、容易清洁　　D．不容易产生病毒

59．将个人计算机的供电线路与大的动力设备供电线路分开，主要是为了避免（　　）。

A．突然停电造成损失　　B．耗电量变大

C．供电线路发热　　D．外电源的波动和干扰信号太强

60．为个人计算机配备不间断电源（UPS）的目的是避免（　　）。

A．突然停电造成损失　　B．耗电量变大

C．供电线路发热　　D．外电源的波动和干扰信号太强

61．在计算机工作时不能用物品覆盖、阻挡个人计算机的显示器和主机箱上的孔，是为了（　　）。

A．减少机箱内的静电积累　　B．有利于机内通风散热

C．有利于清除机箱内的灰尘　　D．减少噪声

62．不要频繁地开关计算机电源，主要是因为在电源接通和断开的瞬间（　　）。

A．机箱会产生震动，容易使器件松动、损坏

B．会产生干扰其他家用电器的信号，影响它们的正常使用

C. 电路内会产生较高的感应电压冲击，容易损坏计算机内的电器元件

D. 耗电量大，减少开、关电源次数可以降低耗电量

63. 下列关于个人计算机的说法中，正确的是（　　）。

A. 个人计算机必须安装在有空调的房间

B. 个人计算机可以安装在一般家庭和办公室

C. 个人计算机必须配备不间断电源

D. 使用个人计算机时要每小时关机 10 分钟，以便散热

二、多项选择题

1. 信息安全的隐患是（　　）。

A. 计算机犯罪　　B. 计算机病毒

C. 误操作　　D. 计算机设备的物理性破坏

2. 现代信息技术的内容包括（　　）、信息控制技术和信息存储技术。

A. 信息获取技术　　B. 信息传输技术

C. 信息处理技术　　D. 信息推销技术

3. 信息安全的定义包括（　　）。

A. 数据安全　　B. 计算机设备安全

C. 人员安全　　D. 通信安全

4. 计算机道德大致包含（　　）等几方面内容。

A. 遵守使用规范　　B. 履行保密义务

C. 保护个人隐私　　D. 禁止恶意攻击

5. 信息素养类型包括（　　）、学术素养等。

A. 数字素养　　B. 计算机素养　　C. 网络素养　　D. 数据素养

6. 对信息素质的理解正确的是（　　）。

A. 信息素质是利用大量的信息工具及主要信息源使问题得到解答的技能

B. 信息素质是终身学习的一种基本人权

C. 信息素质是个人投身信息社会的一个先决条件

D. 信息素质是促进人类发展的全球性政策

7. 信息意识包括人对信息的（　　）等。

A. 感受力　　B. 注意力　　C. 判断力　　D. 分析力

8. 信息资源的类型大体包括（　　）。

A. 口语信息资源　　B. 文献信息资源

C. 实物信息资源　　D. 体语信息资源

9. 下列关于信息化社会基本特征的描述中，正确的有（　　）。

A. 信息、知识、智力日益成为社会发展的决定力量

B. 信息技术、信息产业、信息经济日益成为科技、经济、社会发展的主导因素

C. 信息劳动者、脑力劳动者、知识分子的作用日益增大

D. 信息网络成为社会发展的基础设施

10．信息伦理失范常见现象有（　　）。

A．网络舆论伦理失范　　B．信息侵权

C．信息污染　　D．信息犯罪

11．下列有关计算机病毒的描述中，不正确的是（　　）。

A．杀毒软件通常滞后于计算机病毒的出现

B．杀毒软件总是超前于计算机病毒的出现，可以查、杀任何种类的病毒

C．已感染过计算机病毒的计算机具有对该病毒的免疫性

D．计算机病毒会危害计算机以后的健康

12．计算机病毒的防治要从（　　）几个方面来进行。

A．预防　　B．监测　　C．清除　　D．验证

三、填空题

1.《中华人民共和国计算机信息系统安全保护条例》是我国颁布的关于计算机信息系统安全保护的________专门法规，是计算机信息系统保护的行为________，是对计算机信息系统安全监督的________依据。

2.《中华人民共和国计算机信息系统安全保护条例》第三条指出：“计算机信息系统的安全保护，应当保障________及其________的安全，运行环境的安全，保障信息的安全，保障计算机功能的正常发挥，以维护计算机信息系统的安全运行。”

3．网络道德指使用计算机时除________之外应当遵守的一些标准和规则。

4．物质、能源和________是人类社会赖以生存、发展的三大重要资源。

5．信息安全指保护信息的________、________和________，防止非法修改、删除、使用、窃取数据信息。

6．软件安全首先指使用的软件本身是________、________，即不但要确保它们在正常的情况下运行结果是正确的，而且也________因某些偶然的失误或特殊的条件而得到错误的结果，还应当具有防御非法________、非法________和非法________的能力。

7．计算机病毒是________，能够侵入________，并且能够通过修改其他程序，把自己或者自己的变种复制插入其他程序中，这些程序又可传染别的程序，实现繁殖传播。

8．计算机病毒的产生不是偶然的，有其深刻的________原因和________原因。

9．计算机病毒是________编制出来的、可以________计算机系统的正常运行，又可以像生物病毒那样繁殖、传播的________。

10．计算机病毒是一段________程序，它不单独存在，经常是附属在________的起、末端，或磁盘引导区、分配表等存储器件中。

11．对于重要的计算机系统，更换操作人员时，应令原操作员迅速交出掌握的各种技术资料、磁盘等存储器件，同时改变系统的________。

12．为了避免重大损失，重要的文件资料应该保存有________备份，并且把它们保存在________的地方。

13．当前的抗病毒软、硬件都是根据________的行为特征研制出来的，只能对付已知病毒和它的同类。

四、简答题

1. 什么是信息技术？
2. 试论述你对知识产权问题的看法。
3. 谈谈你对网络道德的认识。
4. 计算机的发展经历了哪几个阶段？各阶段的主要特征是什么？
5. 试论述当代计算机的主要应用。
6. 计算机病毒与黑客的危害性主要体现在哪些方面？
7. 怎样预防计算机病毒？谈谈你的体会和经验。

习题二　计算机基础知识

一、单项选择题

1．ASCII 用于表示（　　）编码。

A．模拟　B．字符　C．数字　D．数模

2．字节是计算机（　　）的基本单位。

A．计算容量　B．存储容量　C．输入数据　D．存取数据

3．计算机中数据存储的最小单位是（　　）。

A．位（bit）　B．字节（byte）　C．Word 2016　D．char

4．在计算机存储中，10 MB 表示（　　）。

A．10000KB　B．10240KB　C．10000MB　D．10240B

5．在计算机存储中，1 GB 表示（　　）。

A．1000KB　B．1024KB　C．1000MB　D．1024MB

6．4B 的位数是（　　）位。

A．4　B．8　C．16　D．32

7．7 位 ASCII 编码的最大编码值为（　　）。

A．128　B．127　C．256　D．255

8．下列属于八进制数的是（　　）。

A．1101H　B．1101Q　C．1101B　D．1101D

9．十进制数 102 转换为二进制数是（　　）。

A．1100111　B．1100110　C．1100001　D．1011110

10．在下列存储器中，只能读出，不能写入的是（　　）。

A．硬盘　B．U 盘　C．磁带　D．ROM

11．计算机能够自动工作，主要是因为采用了（　　）。

A．程序设计语言　B．存储程序控制

C．高速电子元件　D．二进制数制

12．RAM 的特点是（　　）。

A．可以任意地读写　B．只能读，不能写

C．只能写，不能读　D．内容不能修改

13．ROM 属于计算机的（　　）。

A．主存储器　B．外存储器　C．控制器　D．运算器

14．与外存储器相比，内存储器（　　）。

A．存储量大，处理速度较快　B．存储量小，处理速度较快

C．存储量大，处理速度较慢　D．存储量小，处理速度较慢

15．微处理器的主要任务包括（　　）。

A．修改指令、取出指令、执行指令
B．删除指令、解释指令、取出指令
C．输出指令、执行指令、删除指令
D．取出指令、解释指令、执行指令

16．用 MIPS 来衡量的计算机性能指标是（　　）。
A．处理能力　B．存储能力　C．运算速度　D．可靠性

17．计算机的核心部件是（　　）。
A．主存　B．主机　C．CPU　D．主板

18．下列设备中，属于输入设备的是（　　）。
A．数字化仪　B．扫描仪　C．打印机　D．绘图机

19．计算机的存储器系统采用层次结构，一般由（　　）组成。
A．RAM、ROM、CD-ROM　B．高速缓存、内存、外存
C．软盘、硬盘、光盘　D．高速缓存、寄存器、硬盘

20．目前，应用越来越广泛的移动存储技术，除常用的 U 盘、移动硬盘外，还有（　　）。
A．网络存储　B．刻录存储
C．主存储器技术　D．调整缓存技术

21．下列有关操作系统的描述中，错误的是（　　）。
A．具有文件处理功能　B．使计算机系统方便使用
C．协调计算机资源的使用　D．处理硬件故障

22．5 位字符编码的最大值是（　　）。
A．32　B．31　C．64　D．63

23．从键盘输入的西文字符，在计算机内存储的是它的（　　）。
A．二进制编码　B．四进制编码
C．八进制编码　D．十六进制编码

24．用 5 位二进制编码能表示的状态数是（　　）。
A．5　B．10　C．32　D．64

25．二进制数 1111000 转换成十进制数是（　　）。
A．34　B．124　C．120　D．122

26．插入显示卡时，（　　）。
A．不必断电
B．随便插入一个插槽
C．一边摇一边往下插
D．保证接触良好，不能一端高一端低

27．AB 是（　　）的简称。
A．计算机地址总线　B．计算机数据总线
C．计算机控制总线　D．计算机存储总线

28．CB 是（　　）的简称。

A．计算机地址总线　　B．计算机数据总线
C．计算机控制总线　　D．计算机存储总线

29．DB 是（　　）的简称。
A．计算机地址总线　　B．计算机数据总线
C．计算机控制总线　　D．计算机存储总线

30．计算机总线传输采用（　　）方式。
A．串行　　B．并行　　C．环行　　D．串并行

31．除硬件外，计算机系统不可缺少的另一部分是（　　）。
A．指令　　B．数据　　C．网络　　D．软件

32．一个完整的计算机系统由（　　）组成。
A．主机箱、键盘、显示器、打印机　　B．主机与外部设备
C．存储器、运算器、控制器　　D．硬件系统与软件系统

33．计算机主机中包括（　　）。
A．运算器　　B．控制器
C．主存储器　　D．以上各选项都包括

34．冯·诺依曼原理中，计算机应包括（　　）等功能部件。
A．运算器、控制器、存储器、输入设备和输出设备
B．运算器、存储器、显示器、输入设备和输出设备
C．运算器、控制器、存储器、键盘和鼠标
D．运算器、控制器、硬盘、输入设备和输出设备

35．微型计算机工作过程中突然断电，内存中的数据（　　）。
A．全部丢失　　B．部分丢失　　C．不会丢失　　D．自动保存

36．内存储器与硬盘存储器相比，可以说（　　）。
A．内存储器容量大、速度快、造价高
B．内存储器容量小、速度慢、造价低
C．内存储器容量小、速度快、造价高
D．区别仅仅是一个在计算机内，一个在计算机外

37．在微型计算机的硬件系统中，（　　）是计算机的记忆部件。
A．运算器　　B．控制器　　C．存储器　　D．中央处理器

38．下列设备中，不是计算机外存储设备的是（　　）。
A．随机存取存储器（RAM）　　B．硬盘
C．U 盘　　D．光盘

39．下列描述中，正确的是（　　）。
A．硬盘驱动器是主存储器
B．汉字的计算机内码就是国标码
C．存储器中的信息任何时候都不会丢失
D．编译系统是一种系统软件

40．显示器的分辨率为 1024px×768px，其中的 1024 的含义为（　　）。

A．每行输出的字符数　　B．每屏输出的行数
C．每行的像素点数　　D．每列的点数

41．磁盘的盘面有很多半径不同的同心圆，这些同心圆称为（　　）。
A．扇区　　B．磁道　　C．磁柱　　D．字节

42．如果硬盘的磁头数为10，柱面数为1024，每个磁道的扇区数为1024，则该磁盘的容量为（　　）。
A．5120KB　　B．5120MB　　C．51．2GB　　D．512000000B

43．硬盘中，文件存储空间分配的单位是（　　）。
A．位　　B．字节　　C．簇　　D．字

44．在微型计算机系统中，接口电路通常指（　　）。
A．介于主机和外部设备之间的一种缓冲电路
B．介于存储器和外部设备之间的一种缓冲电路
C．介于主机和总线之间的一种缓冲电路
D．介于两个外部设备之间的一种缓冲电路

45．用于解决某种实际问题的程序系统及相应的技术文档资料称为（　　）。
A．汇编语言　　B．机器语言　　C．系统软件　　D．应用软件

46．财政、金融、会计等事务处理软件属于（　　）。
A．系统软件　　B．操作系统　　C．应用软件　　D．高级语言

47．在软件系统中，最重要的是（　　）。
A．程序设计语言　　B．字表处理软件
C．操作系统　　D．应用软件

48．系统软件的功能是（　　）。
A．充分发挥硬件资源的效益，为用户使用计算机提供方便
B．解决输入输出的问题
C．清除病毒，维护计算机系统正常运行
D．用于程序设计

49．软件是（　　）。
A．所有程序的统称
B．所有技术文档资料的统称
C．所有保存在软盘上的程序的统称
D．所有程序及相关文档资料的统称

50．能将计算机运行结果以可见的方式向用户展示的部件是（　　）。
A．存储器　　B．控制器　　C．输入设备　　D．输出设备

51．微型计算机硬件系统分为主机和外部设备两大部分，其中（　　）称为主机。
A．运算器、存储器和控制器　　B．运算器、控制器
C．输入设备、输出设备　　D．存储器、控制器

52．程序设计语言分为低级语言和高级语言两大类，与高级语言相比，使用低级语言开发的程序（　　）。

A．运行效率低，开发效率低　　B．运行效率高，开发效率低
C．运行效率低，开发效率高　　D．运行效率高，开发效率高

53．计算机能够直接识别的语言是（　　）。

A．机器语言　　B．汇编语言
C．高级语言　　D．数据库查询语言

54．计算机的性能主要取决于（　　）。

A．磁盘容量、内存容量、键盘　　B．显示器的分辨率、打印机的配置
C．字长、运算速度、内存容量　　D．操作系统、系统软件、应用软件

55．对计算机软件和硬件资源进行管理和控制的软件是（　　）。

A．文件管理程序　　B．输入输出管理程序
C．命令处理程序　　D．操作系统

56．下列设备中，属于计算机外部设备的是（　　）。

A．运算器　　B．控制器　　C．主存储器　　D．CD-ROM

57．4位字符编码的最大值是（　　）。

A．32　　B．31　　C．16　　D．15

58．用二进制数表示各种符号的方法是（　　）。

A．数字编码　　B．符号编码　　C．汉字编码　　D．内部编码

59．下列设备中，属于计算机外部设备的是（　　）。

A．CPU　　B．主板　　C．显示器　　D．内存条

60．计算机中，统一指挥和控制计算机各部分自动地、协调一致地进行工作的部件是（　　）。

A．控制器　　B．运算器　　C．存储器　　D．CPU

61．下列各项中，不属于外存储器的是（　　）。

A．硬盘　　B．U盘　　C．光盘　　D．RAM

62．计算机系统正常运行必不可少的软件是（　　）。

A．系统软件　　B．应用软件
C．字处理软件　　D．程序设计语言

63．软件一般分为（　　）两大类。

A．高级软件、系统软件　　B．汇编语言软件、系统软件
C．系统软件、应用软件　　D．应用软件、高级语言软件

64．计算机程序只有装入（　　）中，才能运行。

A．内存　　B．U盘　　C．光盘　　D．硬盘

65．在微型计算机的硬件系统中，（　　）简称为I/O设备。

A．运算器与控制器　　B．输入设备与运算器
C．存储器与输入设备　　D．输入设备与输出设备

66．在计算机内部，传送、存储、加工处理的数据和指令都是（　　）。

A．ASCII　　B．二进制码　　C．拼音简码　　D．八进制码

67．下列设备中，不属于计算机外部设备的是（　　）。

A．输入设备　　B．输出设备　　C．外存储器　　D．主存储器

68．在微型计算机的硬件系统组成中，控制器与运算器的集成称为（　　）。

A．CPU　　B．BUS　　C．RAM　　D．ROM

69．计算机指令格式的基本结构是由（　　）两部分组成的。

A．操作码和数据码　　B．控制码和操作码

C．控制码和地址码　　D．操作码和地址码

70．微型计算机的重要特点之一是将计算机硬件中的（　　）集成在一块芯片上，称为微处理器。

A．存储器和控制器　　B．控制器和运算器

C．运算器和存储器　　D．运算器、控制器和存储器

71．RAM 是（　　）的简称。

A．随机存取存储器　　B．只读存储器

C．辅助存储器　　D．外部存储器

72．计算机系统中的内存储器指（　　）。

A．RAM　　B．RAM 和硬盘

C．ROM 和磁盘　　D．RAM 和 ROM

73．计算机体系结构的设计思想是由（　　）提出的。

A．图灵　　B．冯•诺依曼　　C．肖特　　D．比尔•盖茨

74．未来计算机的发展趋势是（　　）。

A．巨型化、微型化、网络化、自动化、多媒体化

B．巨型化、数字化、网络化、智能化、多媒体化

C．巨型化、微型化、一体化、智能化、多媒体化

D．巨型化、微型化、网络化、智能化、多媒体化

75．用计算机进行财务管理是计算机在（　　）方面的应用。

A．科学计算　　B．辅助设计　　C．人工智能　　D．信息管理

76．1024 B 是（　　）。

A．1 KB　　B．10 KB　　C．1 GB　　D．10 GB

77．目前，使用最广泛、发展最快的计算机是（　　）。

A．巨型机　　B．中型机　　C．小型机　　D．微型机

78．下列说法中，正确的是（　　）。

A．计算机技术是信息化社会的核心

B．计算机只能进行数值计算

C．计算机正在改变我们的一切，将会主宰整个世界

D．计算机功能很强大，可以取代人脑的功能

79．目前，在计算机中最普遍采用的符号编码是（　　）。

A．ASCII　　B．GB 2312—1980

C．汉字编码　　D．英文字母

80．一个 ASCII 字符用（　　）个字节表示。

A．1　　B．2　　C．3　　D．4

81．十六进制的基符共（　　）个。

A．16　　B．10　　C．2　　D．8

82．十进制的基符共（　　）个。

A．8　　B．10　　C．2　　D．16

83．二进制的基符共（　　）个。

A．10　　B．8　　C．2　　D．1

84．将高级语言的源程序转换为机器指令的软件是（　　）。

A．操作系统　　B．汇编程序　　C．编译程序　　D．监控程序

85．下列说法中，错误的是（　　）。

A．计算机中常用的计数制有十进制、二进制、八进制和十六进制

B．计数制是人们利用数学符号按进位原则进行数据大小计算的方法

C．所有计数制都是按“逢十进一”的原则计数

D．人们通常根据实际需要和习惯来选择数制

86．汉字的国家标准编码原则：一个汉字用（　　）字节表示。

A．1　　B．2　　C．3　　D．4

87．将高级语言源程序“翻译”为目标程序有（　　）两种方式。

A．连接和运行　　B．编译和连接

C．编辑和查询　　D．编译和解释

88．下列关于计算机语言的说法中，错误的是（　　）。

A．用汇编语言编写的符号程序，计算机不能直接执行

B．高级语言与计算机硬件有关

C．源程序是指用汇编语言及各种高级语言编写的程序

D．机器语言由二进制代码组成

89．1 字节由（　　）位二进制码组成。

A．7　　B．8　　C．14　　D．16

90．程序是（　　）。

A．解决某个问题的计算机语言的有限命令的有序集合

B．解决某个问题的文档资料

C．计算机语言

D．计算机的基本操作

91．计算机能够直接执行的程序是（　　）。

A．C 语言程序　　B．Visual Basic 语言程序

C．机器语言程序　　D．数据库查询语言

92．用高级语言编写的程序称为（　　）。

A．执行程序　　B．目标程序　　C．源程序　　D．解释程序

93．下列说法中，错误的是（　　）。

A．字节是存储器存储信息的基本单位

B．1 字节由 8 位二进制码组成

C．一个二进制码称为“位”

D．内存容量用“位”（bit）作单位

94．计算机中的信息，都是用（　　）来表示。

A．二进制码　　B．十进制数　　C．八进制数　　D．十六进制数

95．字节是（　　）。

A．存储器存储信息的基本单位　　B．一个二进制位

C．一个地址　　D．字长

96．下列说法中，错误的是（　　）。

A．高级语言编写的源程序，计算机可直接执行

B．编译方式把高级语言源程序全部转换成机器指令并产生目标程序

C．解释方式不形成目标程序

D．各种高级语言有其专用的编译或解释程序

97．操作系统属于（　　）。

A．系统软件　　B．用户软件　　C．应用软件　　D．汉字系统

98．在微型计算机系统中，盘符要带（　　）。

A．,　　B．;　　C．>　　D．:

99．操作系统的功能是（　　）。

A．为用户提供操作命令　　B．启动微型计算机系统

C．解释用户命令　　D．管理计算机的软、硬件资源

100．下列各项中，属于操作系统软件的是（　　）。

A．WPS 2016　　B．Windows　　C．Word 2016　　D．Excel 2016

101．下列各项中，不是操作系统的是（　　）。

A．UNIX　　B．Windows　　C．Linux　　D．Word 2016

102．下列各数中，最小的是（　　）。

A．十进制数 25　　B．二进制数 10101

C．十六进制数 B　　D．十六进制数 1A

103．在计算机内部，一切信息存取、处理和传送的形式是（　　）。

A．ASCII　　B．十进制　　C．二进制　　D．十六进制

104．中央处理器的重要作用有两个：（　　）和控制。

A．存储　　B．运算　　C．显示　　D．打印

105．CPU 能够直接访问的存储部件是（　　）。

A．硬盘　　B．U 盘　　C．内存储器　　D．光盘

106．下列说法中，错误的是（　　）。

A．计算机的工作就是顺序地执行存放在存储器中的一系列指令

B．指令系统有一个统一的标准，所有的计算机指令系统都相同

C．指令是一组二进制代码，规定由计算机执行程序的一步操作

D．为解决某一问题而设计的一系列指令就是程序

107．具有多媒体功能的微型计算机系统常用 CD-ROM 作为外存储器，CD-ROM 是（　　）。

A．只读存储器　　B．只读硬盘

C．只读大容量软盘　　D．只读光盘

108．将微型计算机的发展阶段分为第一代微型机、第二代微型机……，是根据（　　）决定的。

A．存储器　　B．输入/输出设备

C．微处理器　　D．运算器

109．在微型计算机的性能指标中，用户可用的内存储器的容量是（　　）。

A．ROM 的容量　　B．RAM 的容量

C．ROM 和 RAM 的容量总和　　D．CD-ROM 的容量

110．下列软件中，属于应用软件的是（　　）。

A．Windows　　B．UNIX　　C．Word 2016　　D．Linux

111．下列各组中，两个软件都属于系统软件是（　　）。

A．Windows 和 Word 2016　　B．Windows 和 Photoshop

C．UNIX 和 WPS　　D．Windows 和 UNIX

112．下列关于世界上第一台电子计算机 ENIAC 的描述中，不正确的是（　　）。

A．ENIAC 是 1946 年在美国诞生的

B．它主要采用电子管和继电器

C．它首次采用存储程序和程序控制使计算机自动工作

D．它主要用于弹道计算

113．已知字符 A 的 ASCII 值是 01000001B，则字符 D 的 ASCII 值是（　　）。

A．01000011B　　B．01000100B　　C．01000010B　　D．01000111B

114．多媒体计算机处理的信息类型有（　　）。

A．文字、数字、图形

B．文字、数字、图形、图像、音频、视频

C．文字、数字、图形、图像

D．文字、图形、图像、动画

115．一个计算机操作系统，通常应具有（　　）。

A．CPU 管理、显示器管理、键盘管理、打印机和鼠标器管理五大功能

B．硬盘管理、软盘驱动器管理、CPU 管理、显示器管理、键盘管理五大功能

C．CPU 管理、存储管理、文件管理、输入/输出管理、作业管理五大功能

D．计算机启动、打印、显示、文件存取、关机五大功能

116．目前，微型计算机中所广泛采用的电子元器件是（　　）。

A．电子管　　B．晶体管

C．小规模集成电路　　D．大规模和超大规模集成电路

117．计算机之所以能按人们的意志自动进行工作，主要是因为采用了（　　）。

A．二进制数制　　B．高速电子元件

C．存储程序控制　　D．程序设计语言

118．多媒体计算机中除了计算机硬件外，还必须包括（　　）4 个部件。

A．CD-ROM、音频卡、Modem、音箱

B．CD-ROM、音频卡、视频卡、音箱

C．Modem、音频卡、视频卡、音箱

D．CD-ROM、Modem、视频卡、音箱

119．64 位微型计算机指它所用的 CPU 是（　　）。

A．一次能处理 64 位二进制数　　B．能处理 64 位十进制数

C．只能处理 64 位二进制定点数　　D．有 64 个寄存器

120．计算机最早的应用领域是（　　）。

A．人工智能　　B．过程控制　　C．信息处理　　D．数值计算

121．一个汉字的机内码需用（　　）字节存储。

A．4　　B．3　　C．2　　D．1

122．微型计算机的技术指标主要指（　　）。

A．所配备的系统软件的优劣

B．CPU 的主频和运算速度、字长、内存容量和存取速度

C．显示器的分辨率、打印机的配置

D．硬盘容量的大小

123．人们通常用兆赫兹（MHz）来衡量计算机的性能，它是（　　）。

A．CPU 的时钟主频　　B．存储器容量

C．字长　　D．运算速度

124．计算机中地址的概念是内存储器各存储单元的编号，现有一个 32KB 的存储器，用十六进制数对它的地址进行编码，则编号可从 0000H 到（　　）。

A．32767H　　B．8000H　　C．8EEEH　　D．7FFFH

125．下列描述中，错误的是（　　）。

A．微型计算机运行几小时后，应关机散热后再启动

B．微型计算机应避免强磁场的干扰

C．微型计算机应经常使用，不要长期闲置不用

D．微型计算机机房湿度不宜过大

126．在计算机的存储单元中存储的（　　）。

A．只能是数据　　B．只能是字符

C．只能是指令　　D．可以是数据或指令

127．下列字符中，其 ASCII 值最小的是（　　）。

A．空格字符　B．0　C．A　D．a

128．微型计算机的性能主要取决于（　　）。

A．CPU 的性能　B．硬盘容量的大小
C．RAM 的存取速度　D．显示器的分辨率

129．如果要运行一个指定的程序，那么必须将这个程序装入（　　）中。

A．RAM　B．ROM　C．硬盘　D．CD-ROM

130．显示或打印汉字时，系统使用的是汉字的（　　）。

A．机内码　B．字形码　C．输入码　D．国标交换码

131．存储一个 48×48 点的汉字字形码，需要（　　）字节。

A．72　B．256　C．288　D．512

132．下列存储器中，访问周期最短的是（　　）。

A．硬盘存储器　B．高速缓冲存储器
C．内存储器（RAM）　D．光盘存储器

133．在微型计算机系统中，对输入输出设备进行管理的基本系统存放在（　　）中。

A．RAM　B．ROM
C．硬盘　D．高速缓冲存储器

134．组成计算机指令的两部分是（　　）。

A．数据和字符　B．操作码和地址码
C．运算符和运算数　D．运算符和运算结果

135．在一个非零无符号二进制整数之后添加一个 0，则此数的值为原数的（　　）。

A．4 倍　B．2 倍　C．1/2　D．1/4

136．在计算机中，每个存储单元都有一个连续的编号，此编号称为（　　）。

A．地址　B．位置号　C．门牌号　D．房号

137．人们把以（　　）为硬件基本电子器件的计算机系统称为第三代计算机。

A．电子管　B．小规模集成电路
C．大规模集成电路　D．晶体管

138．与传统媒体相比，多媒体的特点有（　　）。

A．数字化、结合性、交互性、分时性
B．现代化、结合性、交互性、实时性
C．数字化、集成性、交互性、实时性
D．现代化、集成性、交互性、分时性

139．两个二进制数进行算术加运算，10100+111=（　　）。

A．10211　B．110011　C．11011　D．10011

140．在标准 ASCII 编码表中，数字、小写英文字母和大写英文字母的前后次序是（　　）。

A．数字、小写英文字母、大写英文字母
B．小写英文字母、大写英文字母、数字

C．数字、大写英文字母、小写英文字母
D．大写英文字母、小写英文字母、数字

141．ROM 中的信息是（　　）。
A．由计算机制造厂预先写入的
B．在系统安装时写入的
C．根据用户的需求，由用户随时写入的
D．由程序临时存入的

142．英文缩写 CAD 的中文意思是（　　）。
A．计算机辅助设计　　B．计算机辅助制造
C．计算机辅助教学　　D．计算机辅助管理

143．英文缩写 CAM 的中文意思是（　　）。
A．计算机辅助设计　　B．计算机辅助制造
C．计算机辅助教学　　D．计算机辅助管理

144．多媒体系统由主机硬件系统、多媒体数字化外部设备和（　　）三部分组成。
A．多媒体控制系统　　B．多媒体管理系统
C．多媒体软件　　D．多媒体硬件

145．计算机中采用二进制数字系统是因为它（　　）。
A．代码短，易读，不易出错
B．容易表示和实现，运算规则简单，可节省设备，便于设计且可靠
C．可以精确表示十进制小数
D．运算简单

146．两个二进制数进行算术运算，10000-1101=（　　）。
A．00011　　B．111　　C．101　　D．100

147．在一个非零无符号二进制整数之后去掉一个 0，则此数的值为原数的（　　）。
A．4 倍　　B．2 倍　　C．1/2　　D．1/4

148．配置高速缓冲存储器是为了解决（　　）。
A．内存与辅助存储器之间速度不匹配问题
B．CPU 与辅助存储器之间速度不匹配问题
C．CPU 与内存储器之间速度不匹配问题
D．主机与外设之间速度不匹配问题

149．微型计算机中的内存储器，通常采用（　　）。
A．光存储器　　B．磁表面存储器
C．半导体存储器　　D．磁心存储器

150．一条计算机指令中，规定其执行功能的部分称为（　　）。
A．源地址码　　B．操作码　　C．目标地址码　　D．目标码

151．用计算机进行资料检索工作属于计算机应用中的（　　）。
A．科学计算　　B．数据处理　　C．实时控制　　D．人工智能

152．CPU 中控制器的功能是（　　）。

A．进行逻辑运算

B．进行算术运算

C．分析指令并发出相应的控制信号

D．只控制 CPU 的工作

153．下列说法中，错误的是（　　）。

A．简单来说，指令就是给计算机下达的一道指令

B．指令系统有一个统一的标准，所有的计算机指令系统相同

C．指令是一组二进制代码，规定由计算机执行程序的操作

D．为解决某一问题而设计的一系列指令就是程序

154．计算机的系统总线是计算机各部件间传递信息的公共通道，分为（　　）。

A．数据总线和控制总线

B．地址总线和数据总线

C．数据总线、控制总线和地址总线

D．地址总线和控制总线

155．办公室自动化（OA）是计算机的一大应用领域，按计算机应用的分类，它属于（　　）。

A．科学计算　　B．数据处理　　C．实时控制　　D．人工智能

156．用高级语言编写的程序称为（　　）。

A．源程序　　B．目标程序　　C．汇编程序　　D．命令程序

157．下列关于 USB 的描述中，错误的是（　　）。

A．USB 的中文名为“通用串行总线”

B．USB 2.0 的数据传输速率大大高于 USB 1.1

C．USB 具有热插拔与即插即用的功能

D．USB 接口连接的外部设备（如移动硬盘、U 盘等）必须另外供应电源

158．下列关于微型计算机的系统时间的说法中，正确的是（　　）。

A．每次开机时，由 autoexec．bat 向计算机输入

B．开机时，由于有外接电源，系统时钟计时；关机后，则停止计时

C．每次开机时系统根据当时情况，自动向计算机输入

D．由于主机内装有高能电池，关机后系统时钟能计时

159．下列说法中，正确的是（　　）。

A．一个完整的计算机系统是由微处理器和输入/输出设备组成的

B．计算机区别于其他计算工具的最主要特点是能够存储程序和数据

C．电源关闭后，ROM 中的信息会丢失

D．64 位字长计算机能处理的最大数是 64 位十进制

160．汉字系统中，汉字字库中存放的是汉字的（　　）。

A．内码　　B．外码　　C．字形码　　D．国标码

161．在 16×16 点阵字库中，每个汉字的字模信息占用的存储字节数是（　　）。

A．8　　B．64　　C．32　　D．16

162．下列字符中，ASCII 码值最大的是（　　）。

A．9　　B．D　　C．a　　D．y

163．在 32×32 点阵字库中，每个汉字的字模信息占用的存储字节数是（　　）。

A．256　　B．64　　C．32　　D．128

164．GB/T 2312—1980 字符集中一级汉字排序的方式是按（　　）。

A．偏旁部首　　B．拼音和偏旁部首

C．拼音　　D．以上都不对

165．按 16×16 点阵存放 GB/T 2312—1980 中一级汉字（共 3755 个）的汉字库，大约需占（　　）存储空间。

A．1MB　　B．512KB　　C．256KB　　D．128KB

166．存储 400 个 24×24 点阵汉字字形所需的存储容量是（　　）。

A．255KB　　B．28.125KB　　C．37.5KB　　D．75KB

167．若在一个非零无符号二进制整数右边加两个零形成一个新的数，则新数的值是原数值的（　　）。

A．4 倍　　B．2 倍　　C．1/4　　D．1/2

168．在表示存储容量时，1MB 表示 2 的（　　）次方。

A．10　　B．11　　C．20　　D．19

169．字符的 ASCII 编码在计算机中的表示方法准确地描述应是（　　）。

A．使用 8 位二进制代码，最低位为 1

B．使用 8 位二进制代码，最高位为 0

C．使用 8 位二进制代码，最低位为 0

D．使用 8 位二进制代码，最高位为 1

170．6 位无符号二进制数据表示的最大十进制整数是（　　）。

A．64　　B．63　　C．32　　D．31

二、多项选择题

1．计算机要执行一条指令，CPU 所涉及的操作应该包括下列中的（　　）。

A．指令译码　　B．取指令　　C．存放结果　　D．读写磁盘

2．直接连接存储是当前最常用的存储形式，主要存储部件有（　　）。

A．硬盘　　B．软盘　　C．磁带　　D．光盘

3．计算机断电或重新启动后，（　　）中的信息丢失。

A．RAM　　B．ROM

C．高速缓冲存储器　　D．硬盘

4．下列有关数制的说法中，正确的是（　　）。

A．二进制数仅含数符 0 和 1

B．十进制 16 等于十六进制 10

C．一个数字串的某数符可能为0，但任一数位上的“权”值不可能是0
D．常用计算机内部的一切数据都是以十进制为运算单位的

5．下列各项中，属于新一代移动存储产品的是（　　）。
A．闪存卡　　B．U盘　　C．移动硬盘　　D．可读写光盘

6．在计算机中不能直接与CPU交换信息的是（　　）。
A．硬盘　　B．U盘　　C．光盘　　D．内存

7．计算机系统的内部总线，主要可分为（　　）。
A．PCI总线　　B．控制总线　　C．数据总线　　D．地址总线

8．计算机外部输入设备中最重要的是（　　）。
A．显示器　　B．键盘　　C．鼠标　　D．扫描仪

9．在计算机中采用二进制是因为（　　）。
A．可降低硬件成本　　B．两个状态的系统稳定性高
C．二进制的运算法则简单　　D．可进行逻辑运算

10．下列各项中，属于微型计算机主要性能指标的是（　　）。
A．字长　　B．内存容量　　C．重量　　D．时钟频率

11．下列描述中，错误的是（　　）。
A．存储在任何存储器中的信息，断电后都不会丢失
B．操作系统是只对硬盘进行管理的程序
C．硬盘装在主机箱内，因此硬盘属于主存
D．硬盘驱动器属于外部设备

12．下列设备中，多媒体计算机必须具有的设备是（　　）。
A．声卡　　B．视频卡　　C．光盘驱动器　　D．UPS电源

三、填空题

1．典型的微型计算机系统总线是由数据总线、________和________3部分组成。

2．内存中每个用于数据存取的基本单位，都被赋予一个唯一的编号，称为________。

3．将指令中的操作码翻译成相应的控制信号的部件称为________器。

4．________语言是计算机唯一能够识别并直接执行的语言。

5．为解决某一特定问题而设计的指令序列称为________。

6．微型计算机的软件系统可分为________和________，操作系统、语言处理程序属于________，杀病毒软件、字处理软件属于________。

7．8位二进制数为一个________，它是计算机中基本的存储单位。

8．计算机工作时，内存储器中存储的是________。

9．计算机之所以能按人们的意图自动地进行操作，主要是由于计算机采用了________。

10．微型计算机的主机由________组成，外部设备主要由________组成。

11．可以将各种数据转换成计算机能够处理的形式并输送到计算机中的设备统称为________。

12．CPU 主时钟在每秒钟内发出的时钟脉冲数称为________。

13．微型计算机系统的可靠性可以用平均________工作时间来衡量。

14．在 CPU 中，用来暂时存放数据、指令等各种信息的部件是________。

15．在 CPU 中，执行一条指令所需的时间称为________周期。

16．用屏幕水平方向上显示的点数乘以垂直方向上显示的点数来表示显示器清晰度的指标，通常称为________。

17．微型计算机的内存主要是由________和________组成的。

18．计算机中用来表示存储空间大小的最基本容量单位是________。

19．硬盘连同驱动器是一种________存储器。

20．完整的微型计算机系统是由________和________两部分组成。

21．只读存储器的英文缩写是________，随机存储器的英文缩写是________。

22．常用 CPU 的两个重要指标是________和________。

23．在计算机中，ROM 表示________存储器，RAM 表示__________存储器。

24．软件分为系统软件和应用软件，科学计算程序包属于________，诊断程序属于________。

25．键盘上能用于切换“插入”与“覆盖”（改写）的开关键是________键。

26．计算机工作期间，对电源的主要要求：一是________，二是不能断电。

27．用高级语言编写的程序，计算机是不能直接识别和执行的。若要执行用高级语言编写的程序，首先要将该程序通过语言处理程序________成计算机能识别和执行的二进制机器代码，然后才能供计算机________。

28．指令能被计算机的硬件理解并________，一条指令就是计算机机器语言的一条语句，是程序设计的________。

29．指令通常包括________和________两部分。________用来指出进行什么操作，________通过地址可访问该地址中的内容，即得到操作数。

30．假若 CPU 向外输出 20 位地址，则它能直接访问的存储空间可达________。

四、简答题

1．现代计算机的设计都是基于冯・诺依曼思想构建的，请简述冯・诺依曼思想。

2．请简述计算机的工作原理。

3．不同的计算机系统有不同的指令系统。请问：什么是指令和指令系统？指令的执行过程是怎样的？

4．一个完整的计算机系统由硬件系统和软件系统组成。请简述硬件系统和软件系统之间的关系。

5．数据在计算机中的组织形式是怎样的？其优点是什么？

6．计算机的硬件系统主要由哪 5 个部分组成？各部分的主要功能是什么？

7．CPU 内部的寄存器的主要作用是什么？

8. CPU 的主要作用是什么？有哪些主要的技术参数？

9. 计算机的存储系统是怎样组织的？

10. 计算机的存储设备有哪些？各有什么特点和作用？

11. 什么是存储设备的存储单元、存储容量、地址？

12. 计算机的总线结构可分为 3 类：数据总线、地址总线和控制总线。它们各有什么特点？

13. 如果一台计算机的最大寻址能力为 1GB，请问：这台计算机的地址线有多少根？通常所说的 64 位机是指什么？

14. 什么是微型计算机的系统软件和应用软件？常用的系统软件主要有哪些？常用的应用软件主要有哪些？

15. 微型计算机的硬件系统主要由哪几部分组成？各有什么作用？

16. 什么是微型计算机的主板？它具备什么功能？主板上主要有哪些部件？

17. 微型计算机的内存包括哪些存储器？它们各自的特点是什么？

18. 什么是输入/输出接口？其主要作用是什么？

19. 通常所说的 BIOS 和 CMOS 是什么？

20. 微型计算机中常用的输入设备和输出设备有哪些？它们各起什么作用？

21. 微型计算机的主要性能指标有哪些？

习题三　Windows 操作系统

一、单项选择题

1．Windows 10 是一种（　　）。

A．工具软件　　B．操作系统　　C．字处理软件　　D．图形软件

2．在 Windows 10 的“回收站”中，存放的（　　）。

A．只能是硬盘上被删除的文件或文件夹

B．只能是 U 盘上被删除的文件或文件夹

C．可以是硬盘或软盘上被删除的文件或文件夹

D．可以是所有外存储器中被删除的文件或文件夹

3．在 Windows 10 中右击某对象时，会弹出（　　）菜单。

A．控制　　B．快捷　　C．应用程序　　D．窗口

4．在 Windows 10 中，能弹出对话框的操作是（　　）。

A．选择了带省略号的菜单项

B．选择了带向右三角形箭头的菜单项

C．选择了颜色变灰的菜单项

D．运行了与对话框对应的应用程序

5．在 Windows 10 中，任务栏（　　）。

A．只能改变位置，不能改变大小

B．只能改变大小，不能改变位置

C．既不能改变位置，也不能改变大小

D．既能改变位置，也能改变大小

6. 在 Windows 10 的“资源管理器”窗口右部，若已单击了第一个文件，又按住【Ctrl】键并单击了第五个文件，则（　　）。

A．有 0 个文件被选中　　B．有 5 个文件被选中

C．有 1 个文件被选中　　D．有 2 个文件被选中

7. 在 Windows 10 文件夹窗口中共有 45 个文件，其中有 30 个被选定，选择“编辑”菜单的“反向选择”选项后，有（　　）个文件被选定。

A．35　　B．30　　C．15　　D．0

8．不能在 Windows 10 的“日期和时间”窗口中实现的是（　　）。

A．选择不同的时区　　B．设置日期

C．设置时间　　D．直接调整时钟的指针

9．在 Windows 10 的“资源管理器”窗口中，利用导航窗格可以快捷地在不同的位置之间进行浏览，但该窗格一般不包括（　　）部分。

A．收藏夹　　B．网上邻居　　C．库　　D．计算机

10．在 Windows 10 的“控制面板”窗口中，不包含（　　）图标。

A．日期和时间　　B．记事本　　C．显示　　D．键盘

11．在 Windows 10 中，当一个窗口已经最大化后，下列描述中错误的是（　　）。

A．该窗口可以被关闭　　B．该窗口可以移动

C．该窗口可以最小化　　D．该窗口可以还原

12．在 Windows 10 中，按下键盘上的 Windows 徽标键将（　　）。

A．打开选定文件　　B．显示“开始”菜单

C．显示系统属性　　D．关闭当前运行程序

13．在 Windows 10 的输入中文标点符号状态下，按（　　）键可以输入中文标点符号顿号。

A．～　　B．&　　C．\　　D．@

14．下列关于 Windows 10 桌面上图标的描述中，错误的是（　　）。

A．除回收站外，图标可以重命名　　B．图标可以重新排列

C．图标不能删除　　D．所有的图标都可以移动

15．（　　）是 Windows 10 推出的第一大特色，它就是最近使用的项目列表，能够帮助用户迅速地访问历史记录。

A．跳转列表　　B．Aero 特效

C．Flip 3D　　D．Windows 家庭组

16．在 Windows 10 中，文件不包括（　　）属性。

A．存档　　B．运行　　C．隐藏　　D．只读

17．在 Windows 10 默认环境中，按（　　）组合键能将选定的文档放入剪贴板中。

A．【Ctrl+V】　　B．【Ctrl+Z】　　C．【Ctrl+X】　　D．【Ctrl+A】

18．在 Windows 10 默认环境中，按（　　）组合键可以切换中英文输入法。

A．【Ctrl+Alt】　　B．【Ctrl+Space】

C．【Shift+Space】　　D．【Ctrl+Shift】

19．在 Windows 10 中，若要将当前窗口存入剪贴板，可以按（　　）。

A．【Alt+Print Screen】组合键　　B．【Ctrl+Print Screen】组合键

C．【Print Screen】组合键　　D．【Shift+Print Screen】组合键

20．在 Windows 10 中，按【Print Screen】键，则使整个桌面内容（　　）。

A．打印到打印纸上　　B．打印到指定文件

C．复制到剪贴板　　D．复制到指定文件

21．在 Windows 10 中，文件夹名称不能是（　　）。

A．12%+3%　　B．12-3　　C．12*3!　　D．1&2=0

22．在 Windows 10 默认环境中，（　　）不能运行应用程序。

A．双击应用程序的快捷方式

B．双击应用程序的图标

C．右击应用程序的图标，在弹出的快捷菜单中选择“打开”命令

D．右击应用程序的图标，然后按【Enter】键

23．在 Windows 10 中，拖动鼠标执行复制操作时，鼠标指针的箭头尾部（　　）。

A．带有“!”号　　B．带有“+”号

C．带有“%”　　D．不带任何符号

24．表示当前文件夹中所有开始两个字符为“ER”的文件，可使用（　　）。

A．?ER?．*　　B．ER??．*　　C．ER?．*　　D．ER*．*

25．Windows 10 的整个显示屏幕称为（　　）。

A．窗口　　B．工作台　　C．操作台　　D．桌面

26．在 Windows 10 中，下列字符中不能用在文件名中的是（　　）。

A．,　　B．^　　C．?　　D．+

27．在 Windows 10 休眠模式下，系统状态是（　　）的。

A．保存在 U 盘中　　B．保存在硬盘中

C．保存在内存中　　D．不被保存

28．在 Windows 10 中，下列关于添加硬件的描述中，正确的是（　　）。

A．添加任何硬件都应打开“控制面板”窗口

B．添加即插即用硬件，必须打开“控制面板”窗口

C．添加非即插即用硬件，应使用“控制面板”窗口

D．添加任何硬件均不使用“控制面板”窗口

29．若要让 Windows 10 中的“资源管理器”窗口显示菜单栏，可以按（　　）键。

A．【Alt】　　B．【Ctrl】　　C．【Shift】　　D．【F1】

30．在 Windows 10 中，呈灰色显示的菜单意味着（　　）。

A．该菜单当前不能选用　　B．选中该菜单后将弹出对话框

C．选中该菜单后将弹出级联子菜单　　D．该菜单正在使用

31．在 Windows 10 的“资源管理器”窗口中，若希望显示文件的名称、类型、大小等信息，则应选择“查看”菜单中的（　　）命令。

A．“列表”　　B．“详细信息”　　C．“内容”　　D．“平铺”

32．下列关于 Windows 10“回收站”的描述中，错误的是（　　）。

A．“回收站”中的信息可以清除，也可以还原

B．每个逻辑硬盘上“回收站”的大小可以分别设置

C．当硬盘空间不够使用时，系统自动使用“回收站”所占据的空间

D．“回收站”中存放的是所有逻辑硬盘上被删除的信息

33．在 Windows 10 中，为保护文件不被修改，可将它的属性设置为（　　）。

A．只读　　B．存档　　C．系统　　D．隐藏

34．删除 Windows 10 桌面上某个应用程序的图标，意味着（　　）。

A．该应用程序连同其图标一起被删除

B．只删除了该应用程序，对应的图标被隐藏

C．只删除了图标，对应的应用程序被保留

D．该应用程序连同其图标一起被隐藏

35．在 Windows 10 的“资源管理器”窗口左侧，单击文件夹图标左侧的“◢”图标后，屏幕上显示结果的变化是（　　）。

A．该文件夹的下级文件夹显示在窗口右侧

B．窗口左侧显示的该文件夹的下级文件夹消失

C．该文件夹的下级文件夹显示在窗口左侧

D．窗口右侧显示的该文件夹的下级文件夹消失

36．在使用 Windows 10 的过程中，若出现鼠标故障，在不能使用鼠标的情况下，可以打开“开始”菜单的操作是（　　）。

A．按【Shift+Tab】组合键　　B．按【Ctrl+Shift】组合键

C．按【Ctrl+Esc】组合键　　D．按空格键

37．当选定文件或文件夹后，不将文件或文件夹放到“回收站”中，而直接删除的操作是（　　）。

A．按【Delete】键

B．用鼠标直接将文件或文件夹拖放到“回收站”中

C．按【Shift+Delete】组合键

D．在“资源管理器”窗口中选择“文件”→“删除”选项

38．Windows 10 的桌面主题注重的是桌面的（　　）。

A．颜色　　B．显示风格

C．局部个性化　　D．整体风格

39. 在“资源管理器”中，用鼠标左键将应用程序文件拖动到桌面上的结果是（　　）到桌面。

A．复制该程序文件　　B．移动该程序文件

C．生成快捷方式　　D．没有任何内容

40．Windows 10 中的“剪贴板”是（　　）。

A．硬盘中的一块区域　　B．U 盘中的一块区域

C．高速缓存中的一块区域　　D．内存中的一块区域

41．在 Windows 10 中，为了实现全角与半角状态之间的切换，应按（　　）组合键。

A．【Shift+Space】　　B．【Ctrl+Space】

C．【Shift+Ctrl】　　D．【Ctrl+F9】

42.（　　）方法不能获得 Windows 10 系统帮助信息。

A. 选择“开始”→“帮助和支持”命令

B. 在应用程序中使用“帮助”菜单选项

C. 按【F1】键

D. 按【F2】键

43. 若桌面上有“画图”程序的快捷图标，不能启动“画图”程序的方法是（　　）。

A. 双击桌面上的“画图”图标

B. 选择“开始”→“所有程序”→“附件”→“画图”命令

C. 从“资源管理器”中找到“画图”图标，并双击它

D. 从“资源管理器”中找到“画图”图标，并右击它

44. 在 Windows 10 中，打开一个文件夹，若要将类型相同的文件相邻地排在一起，应选择“查看”→“排列图标”→（　　）命令。

A.“名称”　　B.“大小”　　C.“修改日期”　　D.“类型”

45. 在 Windows 10 中，若要恢复回收站中的文件，在选定待恢复的文件后，应选择“文件”→（　　）命令。

A.“还原”　　B.“属性”　　C.“删除”　　D.“关闭”

46. 若要改变窗口的大小，可通过（　　）来实现。

A. 单击标题栏　　B. 将鼠标指针对准窗口边角拖动

C. 单击状态栏　　D. 拖曳滚动条中的滑块

47. 当一个应用程序窗口被最小化后，该应用程序将（　　）。

A. 被终止运行　　B. 继续在前台运行

C. 被暂停运行　　D. 被转入后台运行

48. 在 Windows 10 中，扩展名为.exe 的文件属于（　　）。

A. 隐藏文本文件　　B. 可执行文件

C. 其他文件　　D. 程序文件

49. 如果文件名为“*.*”，这是指（　　）。

A. 当前盘当前文件夹中的所有文件

B. 硬盘中的所有文件

C. 硬盘中的某一个文件

D. U 盘中的所有文件

50. 在 Windows 10 中，屏幕上可能同时出现多个窗口，活动窗口的特征是（　　）。

A. 标题栏的颜色与众不同　　B. 窗口的尺寸大小与众不同

C. 窗口边框颜色与众不同　　D. 标题左边有“活动”两字

51. 在 Windows 10 中，下列描述中错误的是（　　）。

A. 能够同时执行多项任务，用同一台微型计算机可以边放音乐，边打印文稿

B. 能够同时执行多项任务，各任务之间能够很容易地转换

C. 能够同时执行多项任务，各任务之间方便地交换信息

D. 只能执行单项任务，不能同时执行多项任务

52．在 Windows 10 中，某个菜单项的右边有“…”，一般情况下说明（　　）。

A．该菜单项暂时不能使用

B．该菜单项一定要双击才有效

C．选择该菜单项后，会出现对话框

D．选择该菜单项是没有意义的

53．如果要暂时离开计算机且不希望让别人使用计算机时，可以选择（　　）。

A．关机　　B．重新启动　　C．睡眠　　D．锁定

54．如果要新增或删除程序，可以在控制面板上选择（　　）功能。

A．系统和安全　　B．硬件和声音

C．程序　　D．外观及个性化

55．（　　）不是可选用的桌面上 3 种窗口排列形式之一。

A．层叠　　B．透明显示　　C．堆叠显示　　D．并排显示

二、多项选择题

1．在“开始”菜单搜索框中一经输入搜索项文本，被搜索对象的（　　）中的任何文字与搜索项匹配就会被作为搜索结果显示。

A．标题　　B．内容　　C．属性　　D．图片

2．在 Windows 10 中，可通过（　　）来关闭窗口。

A．单击窗口右上角的“关闭”按钮

B．按组合键【Alt+Tab】

C．按组合键【Alt+F4】

D．按组合键【Alt+F5】

3．下列各项中，属于文件列表排列方式的是（　　）。

A．名称　　B．修改日期　　C．类型　　D．大小

4．下列关于 Windows 10 桌面的描述中，正确的是（　　）。

A．Windows 10 中内置了丰富的桌面主题供用户使用

B．允许同时选择多张图片作为桌面背景，并可以定时自动以幻灯片放映效果切换

C．用户可自定义桌面环境，如设置桌面背景和桌面图标

D．可以快速对桌面窗口进行预览

5．利用任务栏可以完成下列任务中的（　　）。

A．选择输入法　　B．调整音量

C．切换窗口　　D．调整日期和时间

6．下列关于 Windows 10 文件和文件夹的说法中，正确的是（　　）。

A．每个文件都有自己的名称，文件名由主文件名和扩展名组成

B．可以将程序、文件及快捷方式等存放到文件夹中

C．同一个文件夹中不能存放相同名称的文件和文件夹

D．操作系统通过文件的扩展名来识别文件的类型

7. 下列关于 Windows 10“库”功能说法中，正确的是（　　）。

A. 用户可将硬盘上不同位置的文件夹添加到“库”中

B. 在表现形式上，“库”和普通的文件夹几乎完全一样

C.“库”中的文件可以来自不同的硬盘分区，但不能来自不同的计算机

D. 可以对某个“库”采取统一的操作，如删除和备份

8. 在 Windows 10 中，“资源管理器”的“导航”窗格内提供了（　　）节点。

A. 收藏夹　　B. 库　　C. 计算机　　D. 网络

9. 图标是 Windows 操作系统中的一个重要概念，用于表示 Windows 的对象。它可以指（　　）。

A. 文档或文件夹　　B. 应用程序

C. 设备　　D. 其他的电脑

10. 在 Windows 10 中，下列关于任务栏的描述中，正确的是（　　）。

A. 可以将任务栏设置为自动隐藏

B. 任务栏可以移动

C. 通过任务栏上的按钮，可实现窗口之间的切换

D. 在任务栏上，只显示当前活动窗口

11. 下列各项中，不属于应用软件的是（　　）。

A. Windows　　B. Android　　C. 抖音　　D. Linux

12. 在 Windows 10 资源管理器窗口中，选定多个对象，可以进行的操作有（　　）。

A. 复制　　B. 剪切

C. 删除　　D. 同时对这些对象重命名

13. 在 Windows 10 默认环境下，下列操作中与剪贴板相关的是（　　）。

A. 复制　　B. 剪切　　C. 删除　　D. 粘贴

14. 下列关于快捷方式与文件本身关系的描述中，错误的是（　　）。

A. 快捷方式与文件本身没有明显的关系

B. 快捷方式是文件的备份

C. 快捷方式其实就是文件本身

D. 快捷方式与文件原位置建立了一个链接关系

15. 下列描述中，错误的是（　　）。

A.“开始”菜单只能用鼠标单击“开始”按钮才能打开

B. Windows 任务栏的大小是不能改变的

C.“开始”菜单是系统生成的，用户不能再设置它

D. Windows 的任务栏可以放在桌面 4 个边的任意位置

三、填空题

1. 在 Windows 10 的中文标点方式下，键面符“ ^ ”对应的中文标点是________，中文标点符号顿号“、”所对应的键面符是________。

2. 在 Windows 10 中，若要删除选定的文件，可直接按________键。

3．在 Windows 10 中，文件的属性有只读、存档和________3 种。

4．在 Windows 10 的“资源管理器”窗口中，为了使具有隐藏属性的文件或文件夹不显示出来，首先应进行的操作是选择________菜单中的“文件夹选项”选项。

5．在 Windows 10 中，由于各级文件夹之间有包含关系，使得所有文件夹构成一________状结构。

6．在 Windows 10 的“回收站”窗口中，要想恢复选定的文件或文件夹，可以使用“文件”菜单中的________选项。

7．________是 Windows 10 提供的一个图像处理软件，用户可以通过它绘制一些简单的图形。

8．用 Windows 10 的“记事本”程序创建的文件，其默认扩展名是________。

9．在 Windows 10 中，要想将当前窗口的内容存入剪贴板，可以按________键。

10．在 Windows 10 中，若要添加或删除程序，必须打开________窗口。

11．在 Windows 10 中，若用户刚刚对文件夹进行了重命名，可按________组合键来恢复原来的名字。

12．灰色菜单项表示________，菜单后的箭头“▶”按钮表示________。

13．剪贴板是一块内存区域，主要功能是________。

14．在 Windows 10 中，要弹出某文件夹的快捷菜单，可以将鼠标指向该文件夹，然后按________键。

15．在 Windows 10 中，剪切的快捷键是________，复制的快捷键是________，粘贴的快捷键是________。

16．启动 Windows 10 后，屏幕上的整个矩形区域称为________，Windows 10 操作系统为用户提供了________界面。

17．单击“开始”按钮可以打开“开始”菜单，也可以通过按________组合键来打开“开始”菜单。

18．单击________上的按钮就可以快速地在已运行的程序之间切换。

19．对于系统的安装、配置、管理和优化，都可以在________中完成，它是集中管理系统的场所。

20．在 Windows 10 中，用户可以同时打开多个窗口，但只有一个窗口处于激活状态，该窗口称作________。窗口中只有________程序处于前台运行状态，其他窗口的程序则在________运行。

21．在 Windows 10 中，一个文件夹可以包含多个________和________。文件夹是用来组织磁盘文件的一种________结构。

22．当一个文件或文件夹被删除后，如果用户还没有进行其他操作，则可以选择________菜单中的________命令，将刚刚删除的文件恢复；如果用户已经执行了其他操作，则必须通过________，选择________菜单中的________命令恢复该文件。

23．在 Windows 10 中，可以很方便直观地使用鼠标拖放功能实现文件或文件夹的________等操作。

24．用户可以在________中方便地添加所需的中文输入法。

25．可将计算机系统的层次结构分为硬件层、________、________和________4 个层次。

26．操作系统的功能包括________、________、________、________和________5 部分。

27．从用户角度来看，操作系统是________与________之间的接口，是计算机系统与用户之间进行交互和通信的通路，通常称为操作系统的工作界面。

28．对话框是一个酷似窗口的矩形显示区域，许多对话框的________不能改变，但可以用鼠标拖动________进行移动。它是一种输入命令或参数的人机交互的________，常用来显示附加信息、警告信息、说明信息。如果有较多的对话内容，在对话框中会出现多个________。

29．对话框通常由下列一些项目组成：________提供给用户输入信息；________用于显示可以选用的项目，若项目很多则自动提供滚动条；________是对话框中一些互斥项目的选项列表，每次只能从中选择一项，被选中的圆形中有一个黑点；________可作为多项选择用，可以选择其中之一或多个；________用于将对话框中的选项进行分类；单击________的上、下箭头可更改数值大小，也可直接输入数据等。

30．在 Windows 10 中，对象有以下几种使用方法：右击、双击和指向。右击对象图标，系统会弹出该对象的________；双击对象图标，对象将被________；将鼠标指针指向图标几秒钟，很多 Windows 程序都会给出________，在鼠标指针附近打开一个小窗口，显示简单的文字告诉用户该图标执行的是什么功能。

31．不同类型的应用程序都有________的图标，各种不同类型的文档则根据其类型（文件扩展名）被赋予相应类型的图标，以表示该文档与何种应用程序________，即用何种程序来处理该文档。若某文档没有与相应的应用程序建立关联，则欲打开它时，将会弹出一个“________”对话框，并要求用户选择某一个应用程序来处理它。

32．剪贴板是多个程序之间静态交换信息的重要途径，是剪切或复制信息的一个________之地，是设在________中的一个区域。它总留在 Windows 10 系统内，只要不退出 Windows 10 系统，不管在什么时候剪切、复制和粘贴都可以使用它实现。通过________，可以在不同窗口、不同应用程序之间交换信息。

四、简答题

1．简述鼠标的常见形状及意义。

2．打开“资源管理器”的方法有哪些？简述“资源管理器”的主要功能。

3．怎样将活动窗口屏幕以图片的形式插入文本文件中？请写出操作步骤。

4．怎样才能使任务栏自动隐藏？

5．简述文件和文件夹有何不同。

6．如何在 Windows 10 中更改计算机的时间？

7．如何选择若干文件或文件夹？

8．什么是操作系统？操作系统的主要功能是什么？

9．打开或关闭一个应用程序的常用方法有哪些？请尽量列出各种方法。

10. 如何获取 Windows 10 帮助系统的帮助？有哪些方法？

11. 什么是对象的快捷方式或快捷方式图标？如何为 D 盘根目录下的 AA. exe 文件在桌面上创建一个快捷方式图标？

12. 如何使“资源管理器”中的文件按照建立时间的先后顺序进行显示？

13. 如何查找在各个驱动器上的以. exe 为扩展名的所有文件？

14. 在 Windows 10 中，如何使用“控制面板”安装和删除一个应用程序？

15. 在 Windows 10 中，最小化窗口与关闭窗口之间的本质区别是什么？

16. 在 Windows 10 中，窗口的形式和对话框的形式差不多，怎样区分它们？

17. 在“资源管理器”中，展开文件夹和打开文件夹之间的区别是什么？请列出展开文件夹和打开文件夹的操作方法。

18. Windows 10 提供了强大的查找功能，请列出 3 种启动查找程序的方法。

19. 移动和复制文件或文件夹的方法有哪些？

20. 如何设置鼠标为左手习惯？

习题四　文 档 处 理

一、单项选择题

1．一般情况下，输入了错误的英文单词时，Word 2016 会（　　）。

A．自动更正　　　　　　　　　　B．在单词下加绿色波浪线

C．在单词下加红色波浪线　　　　D．无任何措施

2．在 Word 2016 操作中，鼠标指针位于文本区（　　）时，将变成指向右上方的箭头。

A．右边的文本选定区　　　　　　B．左边的文本选定区

C．正文的滚动条　　　　　　　　D．上方的标尺

3．在 Word 2016 操作中，选定文本块后，鼠标指针变成箭头形状，（　　）拖动鼠标到需要处，即可实现文本块的移动。

A．按住【Ctrl】键　　　　　　　B．按住【Esc】键

C．按住【Alt】键　　　　　　　D．无须按键

4．在 Word 2016 的编辑状态，当前编辑的文档是 D 盘中的 d1.doc 文档，要将该文档复制到 U 盘，应当（　　）。

A．选择“文件”→“另存为”命令

B．选择“文件”→“保存”命令

C．选择“文件”→“新建”命令

D．单击“插入”选项卡中的按钮

5．在 Word 2016 的编辑状态，当前正编辑一个新建文档“文档 1”，当单击“文件”→“保存”按钮后，（　　）。

A．该“文档 1”被存盘

B．弹出“另存为”对话框，供进一步操作

C．自动以“文档 1”为名存盘

D．不能以“文档 1”存盘

6．在 Word 2016 表格的公式运算中，AVERAGE(B2:B5)的含义是（　　）。

A．求第二列的第二行至第五行单元格中 4 个数据的平均值

B．求第二行的第二列至第五列单元格中 4 个数据的平均值

C．求第二行的第二个单元格与第二行的第五个单元格中 2 个数据的平均值

D．求第二列的第二个单元格与第二列的第五个单元格中 2 个数据的平均值

7．在 Word 2016 中复制已选定的文本，只要（　　）即可。

A．单击“开始”选项卡“剪贴板”选项组中的“剪切”按钮

B．单击“开始”选项卡“剪贴板”选项组中的“复制”按钮

C．在按住【Shift】键的同时拖动鼠标

D．在按住【Ctrl】键的同时拖动鼠标

8．在 Word 2016 编辑状态，可以使插入点快速移动到文档首部的是（　　）。

A.【Ctrl+Home】组合键　　B.【Alt+Home】组合键

C.【Home】键　　D.【Page Up】键

9．在 Word 2016 中，如果要调整行距，可单击“开始”选项卡（　　）选项组中的按钮实现。

A．“字体”　　B．“段落”　　C．“制表位”　　D．“样式”

10．下列关于在 Word 2016 中进行图文混排的描述中，错误的是（　　）。

A．要往文档中插入图形文件，应单击“插入”选项卡中的“文件”按钮

B．插入 Word 2016 文档中的图片可以根据需要调整图片的大小

C．在 Word 2016 文档中，当图片的环绕方式设置成“无环绕”时，文字和图片将重叠出现

D．在 Word 2016 文档中，当图片的环绕方式设置成“上下型环绕”时，图片的左右方将没有文字

11．在 Word 2016 中，查找操作（　　）。

A．可以无格式或带格式进行，还可以查找一些特殊的非打印字符

B．只能带格式进行，还可以查找一些特殊的非打印字符

C．搜索范围只能是整篇文档

D．可以无格式或带格式进行，但不能用任何通配符进行查找

12．在 Word 2016 的编辑状态下，文档窗口显示水平标尺，拖动水平标尺上沿的“首行缩进”滑块，则（　　）。

A．文档中各段落的首行起始位置都重新确定

B．文档中被选择的各段落首行起始位置都重新确定

C．文档中各段的起始位置都重新确定

D．插入点所在行的起始位置被重新确定

13．Word 2016 的替换功能无法实现（　　）的操作。

A．将指定的字符变成红色黑体

B．将所有的字母 A 变成 B，所有的字母 B 变成 A

C．删除所有的字母 A

D．将所有的数字自动翻倍

14．在 Word 2016 中，每一页都要出现的信息应放在（　　）。

A．文本框　　B．脚注　　C．第一页　　D．页眉/页脚

15．在 Word 2016 中，要给段落添加底纹可以通过（　　）实现。

A．单击“开始”选项卡“段落”选项组中的“字符底纹”按钮

B．“插入”选项卡中的“底纹”按钮

C．“开始”选项卡“字体”选项组中的“字体”按钮

D．以上都可以

16．在 Word 2016 的编辑状态下，打开文档“ABC.docx”，修改后另存为“ABD.docx”，

则文档“ABC.docx”（　　）。

A．被文档 ABC.docx 覆盖　　B．被修改未关闭

C．被修改并关闭　　D．未修改被关闭

17．在 Word 2016 中，不可以只对（　　）改变文字方向。

A．表格单元格中的文字　　B．图文框

C．文本框　　D．选中的几个字符

18．在 Word 2016 表格操作中，计算求和的函数是（　　）。

A．COUNT()　　B．SUM()　　C．TOTAL()　　D．AVERAGE()

19．进入 Word 2016 后，打开了一个已有文档“w1.docx”，又进行了“新建”操作，则（　　）。

A．“w1.docx”被关闭

B．“w1.docx”和新建文档均处于打开状态

C．“新建”操作失败

D．新建文档被打开但“w1.docx”被关闭

20．在 Word 2016 的编辑状态下，选择了文档全文，若在“段落”对话框中设置行距为“20 磅”的格式，应当选择“行距”列表框中的（　　）。

A．单倍行距　　B．1.5 倍行距　　C．固定值　　D．多倍行距

21．在 Word 2016 的文档中可以插入各种分隔符，下列概念中错误的是（　　）。

A．默认文档为一个“节”，若对文档中的某个段落设置过分栏，则该文档自动分成三个“节”

B．在需要分栏的段落前插入一个分栏符，就可对此段落进行分栏

C．文档的一个节中不可能包含不同格式的分栏

D．一个页面中可能设置不同格式的分栏

22．在 Word 2016 的编辑状态下，设置了标尺可以同时显示水平标尺和垂直标尺的视图方式是（　　）。

A．普通视图　　B．页面视图

C．大纲视图　　D．全屏显示方式

23．在 Word 2016 中对表格进行拆分与合并操作时，（　　）。

A．一个表格可拆分成上、下两个或左、右两个表格

B．对表格单元格进行合并，可以左、右或上、下进行

C．对表格单元格的拆分要上、下进行，合并要左、右进行

D．一个表格只能拆分成左、右两个

24．在 Word 2016 的编辑状态下，执行复制操作后（　　）。

A．被选择的内容被复制到插入点处

B．被选择的内容被复制到剪贴板

C．插入点所在的段落内容被复制到剪贴板

D．光标所在的段落内容被复制到剪贴板

25．在 Word 2016 的编辑状态下，可以从当前输入汉字状态转换到输入字符状态的

组合键是（　　）。

A.【Ctrl+Space】　　B.【Ctrl+Alt】

C.【Shift+Space】　　D.【Alt+Space】

26. 在 Word 2016 中，如果将选定的文档内容置于页面的正中间，只需单击“开始”选项卡中的（　　）按钮即可。

A. 两端对齐　　B. 居中　　C. 左对齐　　D. 右对齐

27. 在 Word 2016 中，“开始”选项卡“字体”选项组中“B”按钮的作用是使选定对象（　　）。

A. 变为斜体　　B. 变为粗体

C. 加下划线单线　　D. 加下画波浪线

28. 在 Word 2016 编辑状态下，连续进行了两次“插入”操作，当单击一次“撤消”按钮后（　　）。

A. 将两次插入的内容全部取消

B. 将第一次插入的内容全部取消

C. 将第二次插入的内容全部取消

D. 两次插入的内容都不被取消

29. 在 Word 2016 的（　　）视图方式下，可以显示分页效果。

A. 普通　　B. 大纲　　C. 页面　　D. 主控文档

30. 在 Word 2016 中，在进行文字移动、复制和删除之前，首先要（　　）。

A. 复制　　B. 选定　　C. 删除　　D. 剪切

31. 在 Word 2016 中，段落的标记是在（　　）之后产生的。

A. 分页符　　B. 句号

C. 按【Enter】键　　D. 按【Shift+Enter】组合键

32. 在 Word 2016 中，下列对选定的说法中，正确的是（　　）。

A. 在要选定的文档起始处按住鼠标左键不放，拖动到要选定文档的末尾

B. 在要选定的文档起始处按住鼠标右键不放，拖动到要选定文档的末尾

C. 在要选定的文档起始处单击，然后在要选定的文档末尾再次单击

D. 在要选定的文首处右击，然后在要选定的文本末再次右击

33. 在 Word 2016 文档中，每个段落都有自己的段落标记，段落标记的位置在（　　）。

A. 段落的首部　　B. 段落的结尾

C. 段落的中间位置　　D. 段落中，但用户找不到的位置

34. 在“设置图片格式”对话框中的“版式”选项卡中，全部属于“环绕方式”的是（　　）。

A. 四周型、紧密型、穿越型、覆盖型

B. 上下型、穿越型、四周型、密集型

C. 上下型、四周型、穿越型、紧密型

D. 上下型、突出型、穿越型、紧密型、四周型

35. 在 Word 2016 中，文本被剪切后暂时保存在（　　）。

A．临时文档　　B．自己新建的文档

C．剪贴板　　D．内存

36．在 Word 2016 中，要插入艺术字需通过（　　）按钮实现。

A．单击“插入”选项卡“文本”选项组中的“艺术字”

B．单击“开始”选项卡“样式”选项组中的“艺术字”

C．单击“开始”选项卡“文本”选项组中的“艺术字”

D．单击“插入”选项卡“插图”选项组中的“艺术字”

37．在 Word 2016 中，要选定全文，可用的组合键为（　　）。

A．【Ctrl+S】　　B．【Ctrl+A】　　C．【Ctrl+V】　　D．【Ctrl+C】

38．在 Word 2016 中，下列关于图形的操作中，（　　）是错误的。

A．可以移动图片

B．可以复制图片

C．可以编辑图片

D．不可以缩放图片和调整图片的颜色

39．在 Word 2016 中，下列有关表格的操作中，（　　）是不正确的。

A．文本能转换成表格　　B．表格能转换成文本

C．文本与表格可以相互转换　　D．文本与表格不能相互转换

40．选定 Word 表格中的一行，单击“开始”选项卡“剪贴板”选项组中的“剪切”按钮，则（　　）。

A．将该行各单元格的内容删除，变成空白

B．删除该行，表格减少一行

C．将该行的边框删除，保留文字

D．在该行合并表格

二、多项选择题

1．对于 Word 2016 的图片操作，下列说法中不正确的是（　　）。

A．在文档中插入的剪贴画是位图文件格式，可以取消图形对象的组合

B．在文档中插入的剪贴画是图元文件格式，不可以取消图形对象的组合

C．在文档中插入的图片只能浮动于文字之上

D．在文档中插入的悬浮图片可以改为嵌入图片

2．在 Word 2016 的撤消操作中，下列说法中正确的是（　　）。

A．只能撤消一步　　B．可以撤消多步

C．不能撤消页面设置　　D．撤消的命令可以恢复

3．在 Word 2016 中，可以被隐藏的是（　　）。

A．段落标记　　B．分节符

C．文字　　D．页眉和页脚

4．在 Word 2016 中，可以输入下标的方法有（　　）。

A．在“字体”对话框的“字体”选项卡中进行设置

B．单击“插入”选项卡“符号”选项组中的“公式”按钮进行设置

C．按【Ctrl + =】组合键

D．按【Ctrl + −】组合键

5．在 Word 2016 文档中可以插入的分隔符有（　　）。

A．分页符　　B．分栏符　　C．换行符　　D．分节符

6．在 Word 2016 中，下列关于文档分页的描述中，正确的是（　　）。

A．分页符也能打印出来

B．Word 2016 文档可以自动分页，也可人工分页

C．将插入点置于分页符上，按【Delete】键就可将其删除

D．分页符标志前一页的结束，一个新页的开始

7．修改页眉和页脚的内容可以通过（　　）来实现。

A．单击“插入”选项卡“页眉和页脚”选项组的相关按钮

B．单击“开始”选项卡“样式”选项组中的按钮

C．选择“文件”→“页面设置”命令

D．直接双击页眉、页脚位置

8．在 Word 2016 文档中，插入页码的对齐方式有（　　）。

A．左侧　　B．居中

C．右侧　　D．内侧和外侧

9．在 Word 2016 中，下列有关“首字下沉”的说法中，正确的是（　　）。

A．可根据需要调整下沉行数

B．最多可下沉 3 行

C．可悬挂下沉

D．可根据需要调整下沉文字与正文的距离

10．在 Word 2016 中，能够实现复制的操作包括（　　）。

A．先选定文本，按【Ctrl+C】组合键后，再到插入点按【Ctrl+V】组合键

B．选定文本，单击“开始”选项卡“剪贴板”选项组中的“复制”按钮后，将光标移到插入点，单击“开始”选项卡“剪贴板”选项组中的“粘贴”按钮

C．选定文本，按【Shift】键并按住鼠标左键，将光标移到插入点

D．选定文本，按【Ctrl】键并按住鼠标左键，将光标移到插入点

11．要对 Word 2016 文档的每一页添加页码，正确的说法是（　　）。

A．可以利用“页眉和页脚”按钮添加页码

B．页码必须从“1”开始编号

C．无须对每一页都使用“页眉和页脚”按钮来设置

D．页码可以出现在页眉上，也可以出现在页脚上

12. 在 Word 2016 中，下列关于“保存”与“另存为”按钮的说法中，错误的是（　　）。

A．Word 2016 保存的任何文档，都不能用写字板打开

B．保存新文档时，“保存”与“另存为”按钮作用是相同的

C．保存旧文档时，“保存”与“另存为”按钮作用是完全不同的

D．“保存”按钮只能保存新文档，“另存为”按钮只能保存旧文档

13．如果 Word 2016 打开了多个文档，在下列操作中，能够退出 Word 2016 的是（　　）。

A．双击 Word 2016 窗口右上角的窗口控制图标

B．选择“文件”→“退出”命令

C．单击窗口右上角的“关闭”按钮

D．选择“文件”→“关闭”命令

14．在 Word 2016 的下列操作中，能完成文档保存的是（　　）。

A．单击快速访问工具栏上的“保存”按钮

B．按【Ctrl+O】组合键

C．选择“文件”→“保存”命令

D．选择“文件”→“另存为”命令

15．在 Word 2016 中，下列描述中正确的是（　　）。

A．为保护文档，用户可以设定以“只读”方式打开文档

B．打开多个文档窗口时，每个窗口内都有一个插入光标在闪烁

C．利用 Word 2016 可制作图文并茂的文档

D．在文档输入过程中，可设置每隔 10 分钟自动进行保存文件操作

16．在 Word 2016 中，下列描述中正确的是（　　）。

A．从文档窗口的标题栏可以看出该文档的文件名

B．单击文档编辑窗口的“×”按钮，可以关闭文档编辑窗口

C．不可以选定多个不连续的文本区域

D．剪贴板上的内容可以多次粘贴

三、填空题

1．在 Word 2016 中，利用水平标尺可以设置段落的________格式。

2．Word 2016 文档使用的默认扩展名是________。

3．如果已经有一个 Word 2016 文件“A.docx”，打开该文件并经过编辑修改后，希望以“C.txt”为名存储而不覆盖文件“A.docx”，应该单击________选项卡中的________按钮。

4．在 Word 2016 中，一种选定矩形文本块的方法是按住________键的同时用鼠标拖动。

5．在 Word 2016 中，格式刷可用来复制________格式。

6．Word 2016 包含于________组件中。

7．在 Word 2016 中，“开始”选项卡“字体”选项组中的“B”“*I*”“U”分别表示字符的粗体、____________、下划线标记。

8．在 Word 2016 功能区中按________键可以显示所有功能区的快捷键提示，按________键可以退出键盘快捷方式提示状态。

9．用鼠标在文档选定区中连续快速单击 3 次，其作用是________，与组合键________

的作用相同。

10．在 Word 2016 的表格中，保存着不同部门的人员数据，现需要把全体人员按部门分类集中，在“表格工具-布局”选项卡中，对部门名称使用________按钮可以完成。

11．在 Word 2016 编辑状态下，将鼠标指针指向一个中文句子并________，该句子被选中，字体栏显示“黑体”，选择“宋体”字体后，再单击↶按钮，此时该句子的字体应该是________。

12．当需要将文档中的所有“Word 2010”改成“Word 2016”时，最简便的方式是使用________功能，对应的组合键是________。

13．在 Word 2016 中，查找范围的默认项是________。

14．在 Word 2016 的编辑状态下，当前对齐方式是左对齐，如果连续两次单击“开始”选项卡“段落”组中的☰按钮，得到的对齐方式应该是________。

15．在 Word 2016 的编辑状态下，当输入的文字覆盖后面的文字时，可以按________键使输入的文字插入当前光标处。

16．在 Word 2016 中，段落的对齐格式有________、________、________、________和________。

四、简答题

1．在 Word 2016 中，文本框可以设置哪几种文字环绕方式？是否可以用文字压住文本框？

2．怎样将 Word 2016 文档保存为文本文档？

3．请写出将当前打开的某 Word 2016 文档保存到文件夹“D:\2013135001”中的操作步骤。

4．如何选择 Word 2016 中的文本？

5．简述 Word 2016 复制文本的操作过程。

6．Word 2016 提供了哪几种查看文档的方式，它们各有什么特点？

7．简述将活动窗口作为图片插入 Word 2016 文档的操作步骤。

8．Word 2016 文档中每两个段落之间隔了一个空行，如何将这个空行去掉？请写出实现步骤。

习题五　电子表格处理

一、单项选择题

1. Excel 2016 中对于 D5 单元格，其绝对单元格表示方法为（　　）。

A. D5　　B. D$5　　C. $D$5　　D. $D5

2. 一个 Excel 工作簿中含有（　　）张默认工作表。

A. 1　　B. 3　　C. 16　　D. 256

3. 已在 Excel 2016 某工作表的 F10 单元格中输入了“八月”，再拖动该单元格的填充柄往上移动，在 F9、F8、F7 单元格会出现的内容依次是（　　）。

A. “九月”“十月”“十一月”　　B. “七月”“六月”“五月”

C. “五月”“六月”“七月”　　D. “八月”“八月”“八月”

4. 已在 Excel 2016 某工作表的 F1、G1 单元格中分别填入了 3.5 和 4.5，并将这两个单元格选定，然后向左拖动填充柄，在 E1、D1、C1 中分别填入的数据是（　　）。

A. 0.5、1.5、2.5　　B. 2.5、1.5、0.5

C. 3.5、3.5、3.5　　D. 4.5、4.5、4.5

5. 在编辑工作表时，隐藏的行或列在打印时将（　　）。

A. 被打印出来　　B. 不被打印出来

C. 不确定　　D. 以上都不正确

6. 给 Excel 2016 工作表重命名的正确操作是（　　）。

A. 右击工作表标签条中某个工作表名，从弹出的快捷菜单中选择“重命名”命令

B. 单击工作表标签条中某个工作表名，从弹出的快捷菜单中选择“插入”命令

C. 右击工作表标签条中某个工作表名，从弹出的快捷菜单中选择“插入”命令

D. 单击工作表标签条中某个工作表名，从弹出的快捷菜单中选择“重命名”命令

7. 现已在 Excel 2016 某工作表的 B 列输入了一系列数据，并知 C 列数据是 B 列数据的 25%，则下面计算公式不能满足该计算要求的是（　　）。

A. =B2*25%　　B. =B2*0.25　　C. =B2*25/100　　D. =B2*25

8. 对选定的单元格和区域命名时，需要单击（　　）选项卡“定义的名称”选项组中的“定义名称”按钮。

A. “开始”　　B. “插入”　　C. “公式”　　D. “数据”

9. 当 Excel 2016 工作表中未对小数位数进行特殊设置时，函数 INT(−5.01) 的值为（　　）。

A. −5　　B. −6　　C. 5　　D. 6

10．在 Excel 2016 中，函数 COUNT(1, "3", TRUE) 的值为（　　）。

A．1　　B．2　　C．3　　D．4

11．当 Excel 2016 工作表中未对小数位数进行特殊设置时，函数 ROUND(3.149,2) 的值为（　　）。

A．3.14　　B．3.15　　C．3.1　　D．3.149

12．在 Excel 2016 某工作表中，对 A1 单元格中的数据进行四舍五入（保留一位小数），并将结果填入 D2 单元格中，应在 D2 单元格中输入的计算公式是（　　）。

A．=ROUND(A1,1)　　B．=ROUND(A1,3)

C．=INT(A1)　　D．=SUM(A1)

13．当 Excel 2016 工作表中未对小数位数进行特殊设置时，函数 INT(AVERAGE ((10−2*2.1), 3))的值为（　　）。

A．3　　B．4　　C．5　　D．10

14．当 Excel 2016 工作表中未对小数位数进行特殊设置时，函数 MAX(ROUND (22.5,0), ROUND (125.3, −1))的值为（　　）。

A．23　　B．22　　C．125　　D．130

15．若需计算 Excel 2016 某工作表中 A1、B1、C1 单元格的数据之和，则需使用（　　）计算公式。

A．=COUNT(A1:C1)　　B．=SUM(A1:C1)

C．=SUM(A1,C1)　　D．=MAX(A1:C1)

16．Excel 2016 工作簿的默认扩展名为（　　）。

A．.docx　　B．.com　　C．.txt　　D．.xlsx

17．Excel 2016 的基本数据单元是（　　）。

A．工作簿　　B．单元格　　C．工作表　　D．数据值

18．Excel 2016 的填充柄适合（　　）的数据。

A．文字型　　B．数据型

C．具有增减趋势的文字型　　D．上述各种类型

19．在 Excel 2016 中，数字项前若加（　　），数字会被视为文字。

A．'　　B．。　　C．#　　D．%

20．在 Excel 2016 中，使用填充柄填充具有增减性的数据时（　　）。

A．向右或向下拖时，数据递减　　B．数据不会改变

C．向右或向下拖时，数据递增　　D．向左或向上拖时，数据递增

21．Excel 2016 图表是数据表中数据大小的形象化表示，若要改变该数据，则（　　）。

A．只能在数据表中修改

B．只能在图表中修改

C．既可在图表中修改，也可在数据表中修改

D．都不可以

22．在 Excel 2016 中，在进行分类汇总前必须（　　）。

A．先按欲分类汇总的字段进行排序

B．先对符合条件的数据进行筛选

C．先排序，再筛选

D．都不需要

23．在 Excel 2016 表格中，选中单元格后按【Delete】键将执行的操作是（　　）。

A．删除单元格　　B．清除单元格内容

C．删除行　　D．删除列

24．在 Excel 2016 中，输入分数“1/2”的方法是（　　）。

A．−1/2　　B．01/2　　C．0□1/2　　D．0.5

25．Excel 2016 把一个文件称为一个（　　）。

A．工作簿　　B．工作表　　C．工作区　　D．图表

26．在 Excel 2016 中，输入“1/2”，则会在单元格内显示（　　）。

A．1/2　　B．1 月 2 日　　C．0.5　　D．1/2

27．对于 Excel 2016 工作表中的文字型数据，下列说法中正确的是（　　）。

A．不可以排序

B．只可按“拼音”排序

C．只可按“笔画”排序

D．既可按“拼音”，也可按“笔画”排序

28．在 Excel 2016 的图表中，水平 X 轴通常用来作为（　　）。

A．排序轴　　B．分类轴　　C．数值轴　　D．时间轴

29．在 Excel 2016 中，不属于运算符的是（　　）。

A．*　　B．&　　C．#　　D．^

30．对数据表进行自动筛选后，所选数据表的每个字段名都对应着一个（　　）。

A．下拉菜单　　B．对话框　　C．窗口　　D．工具栏

31．在 Excel 2016 中，A1、B1、C1、D1 的内容分别为 1、2、3、4，则函数 COUNT(A1, D1) 的结果是（　　）。

A．2　　B．4　　C．5　　D．10

32．在 Excel 2016 中，填充柄在所选单元格的（　　）。

A．左下角　　B．右下角　　C．左上角　　D．右上角

33．在 Excel 2016 中，C7 单元格中有绝对引用“=AVERAGE($C$3:$C$6)”，把它复制到 C8 单元格后，双击 C8 单元格则显示（　　）。

A．= AVERAGE(C3:C6)　　B．= AVERAGE($C$3:$C$6)

C．= AVERAGE($C$4:$C$7)　　D．= AVERAGE(C4:C7)

34．在 Excel 2016 中引用单元格时，单元格名称中列标前加上“$”符号，而行标前不加；或者行标前加上“$”符号，而列标前不加，这属于（　　）。

A．相对引用　　B．绝对引用

C．混合引用　　D．以上说法都不对

35．在 Excel 2016 中，不连续单元格选择，只要按住（　　）键的同时选择所要的单元格即可。

A．Ctrl　　B．Shift　　C．Alt　　D．Esc

36．在 Excel 2016 中，在打印学生成绩单时，对不及格的成绩用醒目的方式表示（如用红色表示等），当要处理大量的学生成绩时，利用（　　）最为方便。

A．查找　　B．条件格式　　C．数据筛选　　D．定位

37．在 Excel 2016 工作表中，若对选择的某一单元格只需复制其公式，而无须复制该单元格格式到另一单元格时，需要先复制，然后定位目标单元格，再进行（　　）操作。

A．选择性粘贴　　B．粘贴

C．剪切　　D．以上命令均可

38．在 Excel 2016 中，使用格式刷将格式样式从一个单元格传送到另一个单元格，其操作步骤如下：①选择新的单元格并单击；②选择想要复制格式的单元格；③单击“开始”选项卡“剪贴板”选项组中的“格式刷”按钮。其正确的操作顺序为（　　）。

A．①→②→③　　B．②→①→③

C．①→③→②　　D．②→③→①

39．在 Excel 2016 中，当在某一单元格中输入的字符内容超出该单元格的宽度时，下列说法中正确的是（　　）。

A．超出的内容，肯定显示在右侧相邻的单元格中

B．超出的内容，肯定不显示在右侧相邻的单元格中

C．超出的内容，不一定显示在右侧相邻的单元格中

D．超出的内容可能被丢失

40．在 Excel 2016 中，在对一张工作表中的公式单元格（或区域）进行移动或复制时，下列说法中错误的是（　　）。

A．若将选定的一个公式单元格（或区域）单独移动到其他位置时，其公式中的绝对引用和相对引用都不变

B．若将选定的一个公式单元格（或区域）单独复制到其他位置时，其公式中的绝对引用不变，相对引用自动调整

C．若将选定的一个公式单元格（或区域）连同相关的数据区一起移动到其他位置时，其公式中的绝对引用不变，相对引用自动调整

D．若将选定的一个公式单元格（或区域）连同相关的数据区一起复制到其他位置时，其公式中绝对引用不变，相对引用自动调整

41．人们通常选用不同的图表类型来分析和比较不同的数据，则下列说法中错误的是（　　）。

A．表示数据的趋势变化常使用折线图

B. 柱形图能够直观地表示同一属性的不同数据值的大小
C. 表示总量为 1 的不同数据所占的比例选用饼图为好
D. 三维图形能美观地表示各种类型的数据

42. 要对 Excel 2016 图表进行修改，下列说法中正确的是（ ）。
A. 先修改工作表的数据，再对图表作相应的修改
B. 先修改图表中的数据点，再对工作表中相关数据进行修改
C. 工作表的数据和相应的图表是关联的，用户不论对哪一个进行修改，另一个会自动相应更改
D. 当在图表中删除了某个数据点或数据系列的标示后，则工作表中相关数据也被删除

43. 一个单元格的信息包括（ ）。
A. 数据、公式和批注　B. 内容、格式和批注
C. 公式、格式和批注　D. 数据、格式和公式

44. 在 Excel 2016 中，选择性粘贴不可以复制（ ）。
A. 公式　B. 数值　C. 文本框　D. 批注

45. 在 Excel 2016 中做筛选数据操作后，表格中未显示的数据（ ）。
A. 已被删除，不能再恢复　B. 已被删除，但可以恢复
C. 被隐藏起来，但未被删除　D. 已被放置到另一个表格中

二、多项选择题

1. 在 Excel 2016 中，下列说法中正确的是（ ）。
A. 在 Excel 2016 中，工作表其实就是一个文件，可以按文件名存取
B. 在 Excel 2016 单元格中，可以输入数值、日期、公式，甚至一篇几千字符的文章
C. 在 Excel 2016 中，往单元格中输入公式时，所有用到的工作表函数前都要加等号（=）
D. 编辑栏可以用来显示当前活动单元格中的内容

2. 在 Excel 2016 中，下列有关工作表区域名称的说法中，正确的是（ ）。
A. 同一个区域可以有几个区域名称
B. 区域名称代表其所对应的工作表区域的绝对地址
C. 区域名称可以和单元格地址相同
D. 删除了区域名称，同时也删除了对应的区域中的内容

3. 在 Excel 2016 中，设置范围的方式有（ ）。
A. 选取范围　B. 复制范围
C. 输入单元格位置　D. 设置范围名称

4. 在 Excel 2016 中，使用浮动工具栏可以方便地设置单元格内容的（ ）等。
A. 小数位数　B. 合并后居中
C. 百分比样式　D. 字体和字号

5．在 Excel 2016 中，单元格地址的引用方式有（　　）。

A．绝对引用　　B．相对引用　　C．混合引用　　D．间接引用

6．在 Excel 2016 中，可以直接利用自动填充功能快速输入的序列有（　　）。

A．星期一、星期二、星期三……

B．一班、二班、三班……

C．第一季、第二季、第三季……

D．甲、乙、丙……

7．下列说法中，正确的是（　　）。

A．使用【Delete】键可以删除活动单元格的文字

B．使用【Delete】键不能删除活动单元格的公式

C．使用【Delete】键不能删除活动单元格的颜色

D．使用【Delete】键能删除活动单元格的颜色

8．下列关于 Excel 2016 运算符的说法中，正确的是（　　）。

A．算术运算符的操作数与运算结果均为数值型数据

B．算术运算符的优先级低于关系运算符

C．关系运算符的优先级低于算术运算符

D．关系运算符的运算结果是 True 或 False

9．在分类汇总中，常用的汇总方式有（　　）。

A．平均值、统计　　B．求和、平均值

C．计数、最大值　　D．最小值、乘积

10．在 Excel 2016 中，可以选择一定的数据区域建立图表，当该数据区域的数据发生变化时，下列说法中错误的是（　　）。

A．图表保持不变

B．图表将自动相应改变

C．系统将给出错误提示

D．需要通过某种操作才能使图表发生改变

11．下列关于合并和居中的描述中，正确的是（　　）。

A．仅能向右合并　　B．也能向左合并

C．左右都能合并　　D．上下也能合并

12．利用“编辑”→“清除”命令可以（　　）。

A．清除单元格数据的格式　　B．清除单元格中的数据

C．删除单元格　　D．清除单元格的批注

13．下列说法中，错误的是（　　）。

A．一个工作簿可以包含多张工作表

B．一个工作簿只能包含一张工作表

C．工作簿就是工作表

D．一张工作表可以包含多个工作簿

14．利用 Excel 2016 编辑栏的名称框，可以实现（　　）。

A．选定区域

B．删除区域或单元格名称

C．为区域或单元格定义名称

D．选定已定义名称的区域或单元格

15．下列关于“填充柄”的说法中，正确的是（　　）。

A．它位于活动单元格的右下角

B．它的形状是“+”字形

C．它可以填充颜色

D．只能填充内容，不能填充格式

16．下列关于 Excel 2016 的描述中，不正确的是（　　）。

A．Excel 2016 工作表的名称由文件名决定

B．Excel 2016 允许一个工作簿中包含多张工作表

C．Excel 2016 的图表必须与生成该图表的有关数据处于同一张工作表上

D．Excel 2016 将工作簿的每一张工作表分别作为一个文件夹保存

三、填空题

1．在默认情况下，新建的 Excel 2016 工作簿窗口中包含________张工作表。

2．当前单元格的内容同时显示在该单元格和________中。

3．当前单元格的地址显示在________中。

4．为了保证打印出来的工作表格式清晰、美观，完成页面设置后，在打印之前通常要进行________。

5．根据生成的图表所处的位置不同，可以将其分为________图表和________图表。

6．如果 D5 单元格中有公式“=A5+$B$4”，删除第 3 行后，D4 中的公式是________。

7．对数据清单进行分类汇总前，必须对数据清单进行________操作。

8．在 Excel 2016 工作表的单元格 C5 中有公式“=$B3+C2”，将 C5 单元格的公式复制到 D7 单元格内，则 D7 单元格内的公式是________。

9．在 Excel 2016 中，快速查询数据清单中符合条件的记录，可使用 Excel 2016 提供的________功能。

10．在 Excel 2016 中，函数 AVERAGE(A1:A3) 相当于用户输入的________公式。

11．在 Excel 2016 中，要选中不连续的多个区域，按住________键来配合鼠标操作。

12．新建一个工作簿，Excel 2016 默认工作表的名称是________。

13．在单元格 A5 中，用 SUM( ) 函数求“A1:C4, 8”之和，请写出编辑栏的公式：________。

14．Excel 2016 文档使用的默认扩展名是_________。

15．在 Excel 2016 工作表中，若要对 A3 至 B7、D3 至 E7 两个矩形区域中的数据求和，并把所得结果置于 A1 中，则应在 A1 中输入公式________。

16．在 Excel 2016 工作表中，如果没有特别设定格式，则文字数据自动________对

齐，数值数据自动________对齐。

17．在 Excel 2016 中，设当前工作簿的当前工作表的当前单元格为 B2，要求该单元格中的公式是根据前一列同一行单元格的成绩值来确定，标准如下：成绩值大于或等于 80 为“优良”；成绩值大于或等于 60 为“中”；否则，为“不及格”。请写出该单元格中的公式________。

18．在 Excel 2016 工作表中，当相邻单元格中要输入相同的数据或按某种规律变化的数据时，可以使用________功能实现快速输入。

19．在 Excel 2016 工作表的单元格 D6 中有公式“=$B$2+C6”，将 D6 单元格的公式复制到 C7 单元格内，则 C7 单元格的公式为________。

四、简答题

1．怎样才能避免将输入的分数视作日期数据而正确输入分数“1/2”？

2．怎样在 Excel 2016 表格中限定数据的有效输入范围？

3．在 Excel 2016 中，绝对地址、相对地址的单元格是如何引用的？在进行公式的复制时，引用绝对地址和相对地址有什么不同？

4．什么是单元格、单元格区域、工作表及工作簿？

5．如何插入、复制、移动、更名、保存和保护工作表？

6．在 Excel 2016 中，如何插入公式和函数？

7．在 Excel 2016 中，如何用自动填充功能进行填充？

8．在数据清单中，如何对记录进行排序、筛选和分类汇总？

9．如何创建图表？如何修改、删除图表中的某些选项？

10．使用数据清单有什么好处？

习题六　演示文稿制作

一、单项选择题

1．PowerPoint 2016 模板的扩展名是（　　）。

A．.potx　　B．.pptx　　C．.prtx　　D．.pftx

2．在 PowerPoint 2016 中，下列关于在幻灯片中插入图表的说法中，错误的是（　　）。

A．可以直接通过复制和粘贴的方式将图表插入到幻灯片中

B．应先创建一个演示文稿或打开一个已有的演示文稿，再插入图表

C．只能通过插入包含图表的新幻灯片来插入图表

D．双击图表占位符可以插入图表

3．在 PowerPoint 2016 中，下列关于幻灯片中多媒体的说法中，错误的是（　　）。

A．可以是声音（如掌声）

B．可以是音乐（如 CD 乐曲）

C．可以是影片

D．放映时只能自动放映，不能手动放映

4．PowerPoint 2016 是制作演示文稿的软件，一旦演示文稿制作完毕，下列说法中错误的是（　　）。

A．可以制成标准的幻灯片，在投影仪上显示出来

B．不可以把它们打印出来

C．可以在计算机上演示

D．可以加上动画、声音等效果

5．在 PowerPoint 2016 中，在（　　）视图中，仅显示幻灯片的标题和主要的文本信息，最适合组织和创建演示文稿的内容。

A．普通　　B．阅读　　C．大纲　　D．浏览

6．在 PowerPoint 2016 中，在（　　）视图中，可以精确设置幻灯片的格式。

A．备注页　　B．浏览　　C．普通　　D．大纲

7．在 PowerPoint 2016 中，在（　　）视图中，用户可以看到画面变成上、下两半，上方是幻灯片，下方是文本框，可以记录演讲者讲演时所需的一些提示重点。

A．备注页　　B．浏览　　C．大纲　　D．阅读

8．在 PowerPoint 2016 中，下列有关项目符号的说法中，不正确的是（　　）。

A．可以更改任何项目符号的颜色

B．可以更改项目符号的大小

C．可以添加图片作为项目符号

D．不可以按【Delete】键删除项目符号

9．在 PowerPoint 2016 中，下列有关幻灯片背景的说法中，不正确的是（　　）。

A．用户可以为幻灯片设置不同的颜色、阴影、图案或者纹理的背景

B．可以使用图片作为幻灯片背景

C．可以为单张幻灯片设置背景

D．不可以同时对多张幻灯片设置背景

10．在 PowerPoint 2016 中，单击（　　）选项卡中的“母版版式”选项组中的“幻灯片母版”按钮，可以进入“幻灯片母版”视图。

A．“编辑”　　B．“工具”　　C．“视图”　　D．“格式”

11．在 PowerPoint 2016 中，下列说法中正确的是（　　）。

A．单击“格式刷”按钮只能复制一次文本格式

B．单击“格式刷”按钮可复制多次文本格式

C．双击“格式刷”按钮只能复制一次文本格式

D．双击“格式刷”按钮可复制艺术字文本格式

12．在 PowerPoint 2016 中，下列说法中正确的是（　　）。

A．不可以在幻灯片中插入剪贴画和自定义图像

B．可以在幻灯片中插入声音和影像

C．不可以在幻灯片中插入艺术字

D．不可以在幻灯片中插入超链接

13．在 PowerPoint 2016 中，下列说法中不正确的是（　　）。

A．对插入的图像可以进行放大处理

B．对插入的图像可以进行缩小处理

C．对插入的图像可以进行移动

D．对插入的图像不可以增加对比度

14．在 PowerPoint 2016 中编辑文本，下列说法中正确的是（　　）。

A．不可以对文本设置下划线　　B．可以对文本设置浮凸效果

C．不可以对文本设置颜色　　D．不可以对文本设置上、下标

15．在 PowerPoint 2016 的（　　）中，在同一窗口能显示多张幻灯片，并在幻灯片的下面显示它的编号。

A．大纲视图　　B．幻灯片浏览视图

C．备注页视图　　D．幻灯片视图

16．在 PowerPoint 2016 中，可以通过“设置放映方式”对话框，设置（　　）等。

A．放映方式　　B．放映时间　　C．换片方式　　D．切换方式

17．在 PowerPoint 2016 中，幻灯片母版包含（　　）个占位符，用来确定幻灯片母版的版式。

A．4　　B．5　　C．6　　D．7

18．在 PowerPoint 2016 中，可以使用（　　）选项卡上的按钮来为切换幻灯片时添加声音。

A．“动画”　　B．“切换”　　C．“设计”　　D．“插入”

19．下列操作中，不能插入幻灯片的是（　　）。

A．选择“文件”→“新建”命令

B．单击“开始”选项卡“幻灯片”选项组中的“新建幻灯片”按钮

C．按【Ctrl+M】组合键

D．从快捷菜单中选择“新建幻灯片”命令

20．在 PowerPoint 2016 中，通过（　　）可以在对象之间复制动画效果。

A．格式刷

B．动画刷

C．在“动画”选项卡“动画”选项组中进行设置

D．在“开始”选项卡“剪贴板”选项组的“粘贴”下拉列表中进行设置

21．在 PowerPoint 2016 中，观看放映可按（　　）。

A．【Alt+F5】组合键　　B．【F5】键

C．【Ctrl+F5】组合键　　D．【Ctrl+Alt+F5】组合键

22．在 PowerPoint 2016 中，设置幻灯片放映时的切换效果为“百叶窗”，应使用（　　）选项卡下的命令。

A．“动作”　　B．“切换”

C．“动画”　　D．“幻灯片放映”

23．在 PowerPoint 2016 中，可通过单击“开始”选项卡“剪贴板”选项组中的（　　）按钮，将演示文稿内的幻灯片移动到剪贴板中。

A．“复制”　　B．“删除”　　C．“粘贴”　　D．“剪切”

24．PowerPoint 2016 的超链接可以使幻灯片播放时自由跳转到（　　）。

A．某个 Web 页面　　B．演示文稿中某一指定的幻灯片

C．某个 Office 文档或文件　　D．以上都可以

25．在 PowerPoint 2016 中，可使用（　　）组合键打开一个已创建的演示文稿。

A．【Ctrl+N】　　B．【Ctrl+P】　　C．【Ctrl+O】　　D．【Ctrl+S】

26．使用（　　）选项卡中的“页眉和页脚”按钮，可以为演示文稿中的幻灯片加上页眉和页脚。

A．“视图”　　B．“插入”　　C．“设计”　　D．“审阅”

27．在 PowerPoint 2016 中，文件不可以保存为（　　）格式。

A．PPTX　　B．PDF　　C．XPS　　D．DOTX

28．在下列操作中，（　　）不能完成演示文稿的保存工作。

A．单击快速访问工具栏中的“保存”按钮

B．按【Ctrl+O】组合键

C．选择“文件”→“保存”命令

D．选择“文件”→“另存为”命令

29．在 PowerPoint 2016 中，利用模板创建演示文稿时，不能通过（　　）完成。

A．“样本模板”　　B．“Office.com 模板”

C．“我的模板”　　D．“主题”

30．在演示文稿中对插入的图片，不能进行的操作是（　　）。

A．从矩形边缘裁剪　　B．移动其在演示文稿中的位置

C．放大或缩小　　D．修改其中的图形

31．能对幻灯片进行移动、删除、复制操作，但不能编辑幻灯片中具体内容的视图是（　　）。

A．阅读视图　　B．幻灯片浏览视图

C．备注页视图　　D．普通视图

32．在普通视图中，若幻灯片没插入页码，仍可从（　　）中知道当前幻灯片的页码。

A．状态栏　　B．菜单栏　　C．格式栏　　D．图片栏

33．想在已有的文本区中继续输入文字，只要指向文本区并（　　）鼠标即可。

A．双击　　B．三击　　C．单击　　D．右击

34．在 PowerPoint 2016 中，母版经常用来在幻灯片上（　　）。

A．添加图徽　　B．更改版式

C．更改模板样式　　D．添加公共内容

35．在 PowerPoint 2016 中，“竖排文本框”的含义是（　　）。

A．幻灯片上的所有文本框都纵向排列

B．幻灯片上的部分文本框纵向排列

C．文本框的高比宽要长

D．文本框内的文字纵向排列

36．在 PowerPoint2016 中，除使用菜单命令外，结束幻灯片的放映还可按（　　）。

A．【Esc】键　　B．【Pause】键　　C．【Tab】键　　D．【Home】键

37．PowerPoint 2016 中的“排练计时”功能用来（　　）。

A．帮助用户在单机环境下学习 PowerPoint 的使用，同时累计学习进度

B．帮助用户在 Internet 环境下学习 PowerPoint 的使用，同时累计上网时间

C．帮助用户设计演示文稿中的动画，并控制动画的演示时间

D．设置在自动放映方式下演示文稿中各幻灯片的放映时间

38．下列关于标题幻灯片的说法中，正确的是（　　）。

A．它是演示文稿中的第一张幻灯片

B．它在演示文稿中只能有一张

C．它是演示文稿中的第一张幻灯片，而且只能有这一张

D．它是用标题幻灯片版式创建的，一个文稿中可有多张

39．对 PowerPoint 2016 幻灯片进行背景设置有多种方法，下列方法中，（　　）方法不能设置背景。

A．背景　　B．幻灯片版式

C．主题　　D．应用设计模版

40．在 PowerPoint 2016 中，（　　）选项卡可以制作幻灯片母版。

A．“插入”　　B．“动画”　　C．“审阅”　　D．“视图”

二、多项选择题

1．启动 PowerPoint 2016 的操作有（　　）。

A．选择“开始”→“PowerPoint”命令

B．单击桌面上的“PowerPoint 2016”图标

C．双击桌面上的“PowerPoint 2016”图标

D．双击 PowerPoint 演示文稿文件

2．在 PowerPoint 2016 中，要在幻灯片非占位符的空白处增加一段文本，其操作有（　　）。

A．单击“插入”选项卡“文本”选项组中的“绘制横排文本框”按钮

B．单击“插入”选项卡“文本”选项组中的“垂直文本框”按钮

C．直接输入

D．先单击目标位置，再输入文本

3．在 PowerPoint 2016 中，为幻灯片中的对象自定义动画效果，可以选择添加动画的（　　）效果。

A．进入　　B．强调　　C．退出　　D．声音

4．在 PowerPoint 2016 中，可以通过“设置背景格式”对话框设置背景的填充和（　　）。

A．图片更正　　B．图片颜色　　C．图片位置　　D．艺术效果

5．在 PowerPoint 2016 幻灯片浏览视图下，移动幻灯片的方法有（　　）。

A．按住【Shift】键拖动幻灯片到目标位置

B．选择幻灯片，单击“开始”选项卡“剪贴板”选项组中的“剪切”按钮，单击目标位置，再单击“开始”选项卡“剪贴板”选项组中的“粘贴”按钮

C．按住【Ctrl】键拖动幻灯片到目标位置

D．拖动幻灯片到目标位置

6．在 PowerPoint 2016 中，使所有幻灯片上均出现“图片”字样的方法有（　　）。

A．逐张幻灯片输入该文字

B．在首张幻灯片输入该文字后，按【Shift】键，并在最后一张幻灯片上输入该文字

C．在幻灯片母版上输入该文字

D．在首张幻灯片输入该文字后，按【Ctrl】键，并在最后一张幻灯片上输入该文字

7．在 PowerPoint 2016 中，如果想把多个图形一次移到其他位置，其方法有（　　）。

A．依次单击各图形，然后拖动图形到目标位置

B．按【Ctrl】键，依次单击各图形，然后拖动图形到目标位置

C．按【Shift】键，依次单击各图形，然后拖动图形到目标位置

D．按【Shift】键，依次单击各图形，并单击“绘图工具-格式”选项卡“排列”选项组中的“组合”按钮，然后拖动图形到目标位置

8．下列关于 PowerPoint 2016 的主题的说法中，正确的是（　　）。

A．在演示文稿中应用主题之后，快速样式库将发生变化，以适应该主题

B．在演示文稿中插入的所有新 SmartArt 图形、表格、艺术字或文字均会自动与现有主题匹配

C．PowerPoint 2016 的主题不能用于 Word 2016 或 Excel 2016

D．选择主题，可以使幻灯片中的表格、图形或图表等的颜色和样式统一变化，并确保它们能相互匹配

9．PowerPoint 2016 演示文稿具有的视图有（　　）。

A．普通视图　　B．大纲视图

C．幻灯片浏览视图　　D．备注页和阅读视图

10．在普通视图环境下，下列说法中，不正确的是（　　）。

A．视图中的 3 种窗格尺寸大小无法调整，也不能浏览幻灯片外观

B．视图中的 3 种窗格尺寸大小能够调整，但不能浏览幻灯片外观

C．尺寸能调整，能编辑幻灯片上的文字，插入、删除图片，但不能浏览幻灯片外观

D．既能调整窗格尺寸，编辑文字，插入、删除图片，又能浏览幻灯片外观

11．PowerPoint 2016 的母版类型有（　　）。

A．大纲母版　　B．标题母版　　C．幻灯片母版　　D．讲义母版

12．下列有关幻灯片放映的说法中，不正确的是（　　）。

A．整个演示文稿只有制作完成才能放映

B．即使整个演示文稿没有制作完，也能放映

C．只有在 PowerPoint 2016 软件环境下才能放映幻灯片

D．不管是否制作完成都能放映，放映时与是否在 PowerPoint 2016 环境下无关

三、填空题

1．在 PowerPoint 2016 中，单击“插入”选项卡“文本”选项组中的________按钮，将打开“页眉和页脚”对话框。

2．单击“幻灯片放映”选项卡“设置”选项组中的“设置幻灯片放映”按钮，打开“设置放映方式”对话框，在该对话框中有 3 种不同的放映类型，它们是________、________和________。

3．在一个演示文稿中，________（能、不能）同时使用不同的模板。

4．在 PowerPoint 2016 中，可以对幻灯片进行移动、删除、复制操作，以及设置动画效果，但不能对单独的幻灯片内容进行编辑的视图是________。

5．在“动画”选项卡的“动画”选项组中有 4 种类型的动画方案，分别为进入动画方案、强调动画方案、________和动作路径动画方案。

6．在 PowerPoint 2016 中，母版视图分为________、讲义母版和备注母版 3 类。

7．在 PowerPoint 2016 的显示视窗中，用户可以使用________、________、________、________、________5 种不同的方式查看创建的演示文稿。

8．在 PowerPoint 2016 中，要让不需要的幻灯片在放映时隐藏，可以通过“幻灯片放映”选项卡“设置”选项组的________来设置。

9．在 PowerPoint 2016 中，需要复制幻灯片中的动画效果，单击“动画”选项卡“高级动画”选项组中的________按钮即可将动画效果复制给其他幻灯片对象。

10．如果要终止幻灯片的放映，可直接按________键。

四、简答题

1．什么是 PowerPoint 2016 母版？有哪些类型的母版？它们各有什么特点？

2．为幻灯片上的对象设置动画效果的方法有哪几种？

3．若要删除一个演示文稿的第 2 张、第 4 张、第 6 张幻灯片，应如何操作？请简述其操作步骤。

4．简述 PowerPoint 2016 中几种幻灯片放映方式的特点。

5．PowerPoint 2016 有哪几种视图？它们各有什么特点？

6．如何做到幻灯片图、文、声音和动画并茂？请简述其操作步骤。

习题七　计算机网络

一、单项选择题

1．要在 Web 浏览器中查看某一公司的主页，必须知道（　　）。

A．该公司的电子邮件地址　　B．该公司的主机名

C．自己所在计算机的主机名　　D．该公司的 WWW 地址

2．在浏览某些网址时，由于某些原因造成网页未完整显示，可通过单击（　　）按钮重新传输。

A．前进　　B．停止　　C．刷新　　D．主页

3．URL 指的是（　　）。

A．统一资源定位符　　B．Web

C．IP　　D．主页

4．要在 Internet 上查阅网页，必须具备（　　）。

A．电子邮件地址　　B．浏览器

C．媒体播放软件　　D．Outlook Express

5．为进行网络中的数据交换而建立的（　　），称为网络协议。

A．规定、标准　　B．规定、标准或约定

C．ISO 标准　　D．一般规则

6．下列不是决定局域网特性的主要技术要素的是（　　）。

A．总线型　　B．星状　　C．复杂型　　D．环状

7．在 IE 浏览器中可记录曾经浏览过的网站地址，以后只要在地址栏中输入部分网址，系统就会自动显示完整的地址以供参考，这是启动（　　）功能的结果。

A．使用自动完成　　B．显示友好的 URL

C．查阅过的链接强调显示　　D．启动配置文件助理

8．在下列传输介质中，不受电磁干扰的是（　　）。

A．同轴电缆　　B．光缆　　C．微波　　D．双绞线

9．数字信号传输时，传送速率 b/s 指（　　）。

A．每秒字节数

B．每分钟字节数

C．每秒并行通过的字节数

D．每秒串行通过的二进制代码有效位数

10．IP 地址的二进制位数为（　　）位。

A．32　　B．48　　C．128　　D．64

11．下列 IP 地址中，属于 B 类地址的是（　　）。

A．112.213.12.23　　B.210.123.23.12

C．23.123.213.23　　D．156.123.32.12

12．在使用 IE 浏览器时，可以通过（　　）回到去过的网站。

A．使用“地址栏”的列表框　　B．利用“收藏夹”菜单

C．使用“后退”及“前进”按钮　　D．以上情况都可能

13．如果有一个很喜欢的网站，可以用（　　）方法，使下一次浏览时可以很快地进入所喜欢的网站。

A．加入“收藏夹”　　B．加入“主页”

C．加入链接栏中　　D．以上均可

14．以条件“+A -B”来进行搜索，则（　　）。

A．搜索的字符串不可包含 A，但必须要有 B

B．搜索的字符串必须包含 A，但一定不可包含 B

C．搜索到的字符串必须包含 A 和 B

D．搜索到的字符串必须包含 A 或 B 其中一项

15．排列出从 FTP 站点下载文件的顺序（　　）。

① 搜索要下载的文件

② 连接 FTP 服务器

③ 开始下载文件

A．①②③　　B．③①②　　C．②①③　　D．③②①

16．若想将自己添加在收藏夹中的 Web 页删除，可通过（　　）操作来实现。

A．选择“收藏夹”→“查看收藏夹”选项

B．选择“收藏夹”→“整理收藏夹”选项

C．单击工具栏中的“刷新”按钮

D．单击工具栏中的“停止”按钮

17．域名为“BBS.szptt.net.cn”的站名是一种（　　）。

A．文件传输站点　　B．新闻讨论组站点

C．电子公告牌站点　　D．电子邮件中对方的地址

18．若 URL 的第一项是 FTP，则说明正在查找的资源类型的定义为（　　）。

A．WWW 的页面　　B．一个新闻讨论组

C．其他计算机的注册地址　　D．远程 FTP 主机上一个文件或目录

19．“http://www.peopledaily.com.cn/channel/main/welcome.htm”是一个典型的 URL，其中的“http”表示（　　）。

A．服务器标志　　B．主机域名　　C．子目录　　D．文档名称

20．一个完整的 Internet 电子邮件地址为“bill@public.bta.net.cn”，其中“bill”表示（　　）。

A．用户名　　B．主机名　　C．域名　　D．网络地址

21．下列关于信息高速公路的描述中，正确的是（　　）。

A．一条公路

B．一条车流量很大的高速公路

C．一条信息流通量很大的公路

D．一个能够给用户提供大量信息，由通信网、计算机、数据库及各种日用电子设备组成的完备网络

22．SMTP 服务器指（　　）。

A．接收邮件的服务器　　B．发送邮件的服务器

C．转发邮件的服务器　　D．回复邮件的服务器

23．POP3 服务器指（　　）。

A．文件服务器　　B．网站服务器

C．收件服务器　　D．发件服务器

24．有关 E-mail 的收发，下列说法中，不正确的是（　　）。

A．一个 E-mail 一次只能发给一个人

B．发送 E-mail 时，应准确填写收信人的 E-mail 地址

C．撰写好 E-mail 后，直接单击“新邮件”界面的“发送”按钮即可

D．有些邮件服务器不能处理没有主题的邮件

25．TCP/IP 参考模型是一个用于描述（　　）的网络模型。

A．互联网体系结构　　B．局域网体系结构

C．广域网体系结构　　D．城域网体系结构

26．如果一台主机的 IP 地址为 192.168.0.10，那么这台主机的 IP 地址属于（　　）。

A．C 类地址　　B．A 类地址　　C．B 类地址　　D．无用地址

27．下列关于无线网络设置的说法中，正确的是（　　）。

A．SSID 是无线网卡的名称

B．AP 是路由器的简称

C．无线安全设置是为了保护路由器安全

D．家用无线路由常被认为是 AP 和宽带路由二合一的产品

28．在互联网域名中，“com”通常表示（　　）。

A．商业组织　　B．教育机构　　C．政府部门　　D．军事部门

29．下列对 IP 地址分配的描述中，不正确的是（　　）。

A．网络 ID 不能全为 1

B．网络 ID 不能全为 0

C．网络 ID 不能以 127 开头

D．同一网络上的每台主机必须有不同的网络 ID

30．下列有关 E-mail 的说法中，正确的是（　　）。

A．发送和接收 E-mail 的双方应同时在

B．通过 E-mail 不能发送包含声音信息的文件

C．E-mail 不能传送包含图像信息的文件

D．E-mail 可定义为密件发送，保密性较强

31．Internet 的雏形（前身）是（　　）。

A．Ethernet　　B．MILNET　　C．剑桥环网　　D．ARPRNET

32．使用 IE 浏览器浏览网站信息时，使用的是互联网的（　　）服务。

A．FTP　　B．Telnet　　C．电子邮件　　D．WWW

33．TCP/IP 协议族采用（　　）层结构模型。

A．四　　B．五　　C．六　　D．七

34．BBS 是（　　）的缩写。

A．超文本标记语言　　B．电子公告板

C．网络电话　　D．文件传输协议

35．（　　）是通过有线电视线接入上网的。

A．ADSL　　B．Cable Modem　　C．ISDN　　D．DDN

36．Internet 的接入方式主要有（　　）。

A．广域网方式和局域网方式

B．专线入网方式和拨号入网方式

C．Windows NT 方式和 Novel 上网方式

D．远程网方式和局域网方式

37．下列各项中，不属于网络传输介质的是（　　）。

A．光缆　　B．调制解调器　　C．微波　　D．双绞线

38．下列网络中，属于局域网的是（　　）。

A．Internet

B．综合业务数字网（ISDN）

C．校园网

D．中国公用数字数据网（CHINADDN）

39．在计算机网络中，可以共享的资源包括（　　）。

A．硬件、软件、数据、通信信道　　B．主机、外设、软件、通信信道

C．硬件、程序、数据、通信信道　　D．主机、程序、数据、通信信道

40．下列关于网络协议的说法中，正确的是（　　）。

A．网络使用者之间的口头协定

B．通信协议是通信双方共同遵守的规则或约定

C．所有网络都采用相同的通信协议

D．两台计算机如果不使用同一种语言，则它们之间就不能通信

41．能唯一标识 Internet 中每一台主机的是（　　）。

A．用户名　　B．IP 地址　　C．用户密码　　D．使用权限

42．某台主机的域名为 public.cs.hn.cn，其中最高局域名 cn 代表的国家是（　　）。

A．中国　　B．日本　　C．美国　　D．澳大利亚

43．计算机网络中实现互连的计算机本身是可以进行（　　）工作的。

A．并行　　B．互相制约　　C．独立　　D．串行

44．超文本标记语言的英文简称是（　　）。

A．HTML　　B．ISDN　　C．HMTL　　D．PSTN

45．互联设备中的 Hub 称为（　　）。

A．网卡　　B．网关　　C．服务器　　D．集线器

46．计算机网络是（　　）相连。

A．计算机与终端　　B．计算机直接与计算机

C．计算机与计算机通过网络设备　　D．计算机网络与终端

47．数据传输可靠性的指标是（　　）。

A．误码率　　B．频带利用率　　C．信道容量　　D．传输速率

48．下列设备中，属于微型计算机网络所特有的是（　　）。

A．显示器　　B．UPS 电源　　C．服务器　　D．鼠标

49．Internet 采用的通信协议是（　　）。

A．SPX/IPX　　B．TCP/IP　　C．FTP　　D．WWW

50．用电话线拨号方式进入网络的用户需要使用（　　）。

A．CD-ROM　　B．鼠标　　C．电话机　　D．Modem

51．在计算机网络中，软件资源共享指（　　）。

A．各种语言处理程序和用户程序的共享

B．各种用户程序和应用程序的共享

C．各种语言程序及其相应数据的共享

D．各种语言处理程序、服务程序和应用程序的共享

52．对于计算机网络，下列说法中正确的是（　　）。

A．电话网是高速网　　B．基带网是低速网

C．光纤网是低速网　　D．宽带网是低速网

53．在局域网中，各个节点计算机之间的通信线路是通过（　　）接入计算机的。

A．串行输入口　　B．第一并行输入口

C．第二并行输入口　　D．网络适配器（网卡）

54．在局域网中，运行网络操作系统的设备是（　　）。

A．网络工作站　　B．网络服务器　　C．网卡　　D．网桥

55．最早出现的计算机网是（　　）。

A．ARPANET　　B．ETHERNET　　C．BITNET　　D．Internet

56．下列关于网络特点的描述中，不正确的是（　　）。

A．网络中的数据共享

B．网络中的外部设备可以共享

C．网络中的所有计算机必须是同一品牌、同一型号

D．网络方便了信息的传递和交换

57．在计算机网络中，LAN 指（　　）。

A．局域网　　B．广域网　　C．城域网　　D．校园网

58．网络中各个节点相互连接的形式称为网络的（　　）。

A．拓扑结构　　B．协议　　C．分层结构　　D．层关系结构

59．在计算机网络术语中，WAN 的中文意思是（　　）。

A．以太网　　B．广域网　　C．互联网　　D．局域网

60．互联网络的基本含义是（　　）。

A．计算机与计算机互连　　B．计算机与计算机网络互连

C．计算机网络与计算机网络互连　　D．国内计算机与国际计算机互连

61．超文本的含义是（　　）。

A．该文本中包含图像

B．该文本中包含声音

C．该文本中包含二进制字符

D．该文本中有链接到其他文本的链接点

62．电子邮件与普通邮件相比，具有（　　）的特点。

A．免费　　B．快速　　C．安全　　D．匿名

63．在电子邮件中，用户名和主机之间用（　　）符号隔开。

A．//　　B．/　　C．\　　D．@

64．个人和 Internet 连接需要一台计算机、调制解调器、电话线和（　　）。

A．UPS　　B．打印机　　C．通信软件　　D．光驱

65．目前，Internet 为人们提供信息查询的最主要服务方式是（　　）。

A．Telnet 服务　　B．FTP 服务　　C．WWW 服务　　D．WAIS 服务

66．目前在 Internet 上，应用范围最广泛的是（　　）。

A．E-mail　　B．WAIS　　C．Archie　　D．Gopher

67．如果电子邮件到达时，你的计算机没有开机，那么电子邮件将（　　）。

A．退回给发信人　　B．保存在服务商的主机上

C．过一会儿对方再重新发送　　D．永远不再发送

68．在 Internet 中，人们通过 WWW 浏览器观看的有关企业或个人信息的第一个页面称为（　　）。

A．网页　　B．统一资源定位器

C．网址　　D．主页

69．在电子邮件中所包含的信息（　　）。

A．只能是文字

B．只能是图形信息

C．只能是文字与声音信息

D．可以是文字、声音、图形、图像等信息

70．目前，世界上最大的计算机互联网络是（　　）。

A．ARPANET　　B．IBM 网　　C．Internet　　D．Intranet

71．CERNET 是以下网络中（　　）的简称。

A．中国科技网　　B．中国公用计算机互联网

C．中国教育和科研计算机网　　D．中国公众多媒体通信网

72．为了保证全网的正确通信，Internet 为联网的每个网络和每台主机都分配了唯一的地址，该地址由纯数字组成并用圆点分隔，称为（　　）。

A．TCP 地址　　B．IP 地址

C．WWW 服务器地址　　D．WWW 客户机地址

73．下列各项中，合法的 IP 地址是（　　）。

A．190.220.5　　B．206.53.3.78

C．206.53.312.78　　D．123.43.82.2.20

74．目前，在 Internet 上打国际电话比用传统方式（　　）。

A．语音更清晰　　B．通话费用更便宜

C．拨接电话更方便　　D．更易于安装和普及使用

75．已知接入 Internet 的计算机用户名为“Xinhua”，而连接的服务器主机名为“public.tpt.fj.cn”，相应的 E-mail 地址应为（　　）。

A．Xinhua@public.tpt.fj.cn　　B．@Xinhua.public.tpt.fj.cn

C．xinhua.public@.tpt.fj.cn　　D．public.tpt.fj.cn@Xinhua

76．从“www.uste.edu.cn”可以看出，它是中国（　　）的一个网站。

A．政府部门　　B．军事部门　　C．工商部门　　D．教育部门

77．“222.4.5.6”和“126.4.5.6”分别属于（　　）类 IP 地址。

A．B 和 B　　B．C 和 B　　C．A 和 C　　D．C 和 A

78．在信息时代，存储各种信息资源容量最大的是（　　）。

A．报刊　　B．广播电视　　C．图书馆　　D．互联网

79．最常见的保证网络安全的工具是（　　）。

A．防病毒软件　　B．操作系统

C．防火墙　　D．网络分析仪

80．下列关于 DNS 的说法中，正确的是（　　）。

A．DNS 是浏览互联网所必需的

B．DNS 是 WWW 服务器的一种

C．DNS 是域名服务器，用于将域名地址映射到 IP 地址上

D．DNS 是 FTP 服务器的一种

二、多项选择题

1．互联网的服务功能有（　　）。

A．远程登录　　B．文件传输　　C．WWW 服务　　D．电子邮件

2．用一个共享 Wi-Fi 或集线器把几台计算机连接成网，对于网络的结构，下列说法中正确的是（　　）。

A．从物理结构看是星型连接，而从逻辑结构看是总线型连接

B．从物理结构看是星型连接，而从逻辑结构看也是星型连接

C．实质上还是总线型连接

D．属于网状连接

3．下列各项中，（　　）属于互联网的接入方法。

A．ISDN　　B．Cable Modem

C．ADSL　　D．拨号接入

4．下列各项中，属于C类IP地址的有（　　）。

A．202.104.1.1　　B．192.3.4.5　　C．191.1.1.1　　D．111.1.1.1

5．下列各项中，（　　）属于无线网的拓扑结构。

A．对等网络　　B．结构化网络　　C．总线网络　　D．星状网络

6．网络的拓扑结构主要有（　　）。

A．总线型结构　　B．网状结构　　C．环状结构　　D．树状结构

7．家里有一台台式计算机和一台带有无线网卡的便携式计算机，若要组建无线局域网，并能通过ADSL访问互联网，还需要准备（　　）。

A．无线网卡　　B．ADSL调制解调器

C．无线路由器　　D．同轴电缆

8．下列各项中，（　　）协议是应用层协议。

A．TCP、UDP　　B．IP、RARP　　C．FTP、SMTP　　D．TELNET

9．下列关于防火墙的说法中，正确的是（　　）。

A．防火墙主要是为了防止外来病毒的入侵

B．防火墙是将未经授权的用户阻挡在内部网之外

C．防火墙主要是在机房出现火情时报警的

D．防火墙很难防止数据驱动式攻击

10．搜索引擎的特点是（　　）。

A．使用方便　　B．信息量大

C．易于记忆　　D．检索方式多样

11．WWW通过超文本传输协议（HTTP）向用户提供多媒体信息，（　　）不是所提供信息的基本单位。

A．网页　　B．超链接

C．统一资源定位符　　D．网站

12．下列关于搜索引擎概念的说法中，正确的是（　　）。

A．搜索引擎是一类运行特殊程序的、专用于帮助用户查询互联网上的WWW服务信息的Web站点

B．在互联网中用来搜索信息的程序称作搜索引擎

C．搜索引擎能为用户提供检索服务，从而起到信息导航的目的

D．搜索引擎是一种在互联网中搜索、发现信息，并对信息进行理解、提取、组织和处理的计算机网络设备

三、填空题

1．将分散在不同地点的计算机用________连接起来，在网络协议的控制下可以组

成计算机网络。

2. 计算机网络是________技术与通信技术的产物。

3. 计算机网络可分成三大类：________、________和________。

4. 无线局域网是利用________实现快速接入以太网的技术。

5. 计算机网络中的用户必须共同遵从的多项约定，称为________。

6. OSI 的七层模型中的应用层的功能是________。

7. 网络中计算机之间的物理连接方式的抽象表现形式被称为________。

8. 局域网的传输距离是________千米。

9. 我国“三金”工程指________。

10. 局域网中服务器的功能主要是________。

11. 网络操作系统主要安装在________。

12. 局域网中的路由器用于连接两个以上的________。

13. FTP 指________。

14. 从逻辑功能上可以把计算机网络分为通信子网和________。

15. TCP 是________。

16. HTTP 是指________。

17. 3W 的英文全称是________。

18. IP 是________。

19. IP 数字地址的格式是________。

20. IP 的域名地址格式是________。

四、简答题

1. 在计算机网络中，网络协议起什么作用？

2. 简述网络的定义、分类及功能。

3. 局域网的拓扑结构主要有哪几种？它们各有什么特点？

4. 计算机网络中主要包括哪些内容？

5. 网络协议 TCP/IP 的特点是什么？

6. 常见的计算机网络拓扑结构有哪几种？其主要优缺点是什么？

7. 简述 Internet 的功能。

8. 如何表示 Internet 的地址？

9. 简述在 Internet 上搜索信息的方法。

10. 什么是 FTP、WWW、BBS、Telnet、Gopher？

11. 要把邮件服务器上的邮件下载到本地硬盘中，应使用什么协议？

附录A　全国计算机等级考试一级 MS Office 考试大纲

基本要求

1．具有微型计算机的基础知识（包括计算机病毒的防治常识）。

2．了解微型计算机系统的组成和各部分的功能。

3．了解操作系统的基本功能和作用，掌握 Windows 的基本操作和应用。

4．了解文字处理的基本知识，熟练掌握文字处理 MS Word 的基本操作和应用，熟练掌握一种汉字（键盘）输入方法。

5．了解电子表格软件的基本知识，掌握电子表格软件 Excel 的基本操作和应用。

6．了解多媒体演示软件的基本知识，掌握演示文稿制作软件 PowerPoint 的基本操作和应用。

7．了解计算机网络的基本概念和因特网（Internet）的初步知识，掌握 IE 浏览器软件和 Outlook Express 软件的基本操作和使用。

考试内容

一、计算机基础知识

1．计算机的发展、类型及其应用领域。

2．计算机中数据的表示、存储与处理。

3．多媒体技术的概念与应用。

4．计算机病毒的概念、特征、分类与防治。

5．计算机网络的概念、组成和分类；计算机与网络信息安全的概念和防控。

6．因特网网络服务的概念、原理和应用。

二、操作系统的功能和使用

1．计算机软、硬件系统的组成及主要技术指标。

2．操作系统的基本概念、功能、组成及分类。

3．Windows 操作系统的基本概念和常用术语，文件、文件夹、库等。

4．Windows 操作系统的基本操作和应用：

（1）桌面外观的设置，基本的网络配置；

（2）熟练掌握资源管理器的操作与应用；

（3）掌握文件、磁盘、显示属性的查看、设置等操作；

（4）掌握中文输入法的安装、删除和选用；

（5）掌握检索文件、查询程序的方法；

（6）了解软、硬件的基本系统工具。

三、文字处理软件的功能和使用

1．Word 的基本概念，Word 的基本功能和运行环境，Word 的启动和退出。

2．文档的创建、打开、输入、保存等基本操作。

3．文本的选定、插入与删除、复制与移动、查找与替换等基本编辑技术；多窗口和多文档的编辑。

4．字体格式设置、段落格式设置、文档页面设置、文档背景设置和文档分栏等基本排版技术。

5．表格的创建、修改；表格的修饰；表格中数据的输入与编辑；数据的排序和计算。

6．图形和图片的插入；图形的建立和编辑；文本框、艺术字的使用和编辑。

7．文档的保护和打印。

四、电子表格软件的功能和使用

1．电子表格的基本概念和基本功能，Excel 的基本功能、运行环境、启动和退出。

2．工作簿和工作表的基本概念和基本操作，工作簿和工作表的建立、保存和退出；数据输入和编辑；工作表和单元格的选定、插入、删除、复制、移动；工作表的重命名和工作表窗口的拆分与冻结。

3．工作表的格式化，包括设置单元格格式、设置列宽和行高、设置条件格式、使用样式、自动套用模式和使用模板等。

4．单元格绝对地址和相对地址的概念，工作表中公式的输入和复制，常用函数的使用。

5．图表的建立、编辑、修改及修饰。

6．数据清单的概念，数据清单的建立，数据清单内容的排序、筛选、分类汇总，数据合并，数据透视表的建立。

7．工作表的页面设置、打印预览和打印，工作表中链接的建立。

8．保护和隐藏工作簿和工作表。

五、PowerPoint 的功能和使用

1．中文 PowerPoint 的功能、运行环境、启动和退出。

2．演示文稿的创建、打开、关闭和保存。

3．演示文稿视图的使用，幻灯片基本操作（版式、插入、移动、复制和删除）。

4．幻灯片基本制作（文本、图片、艺术字、形状、表格等的插入及幻灯片的格式化）。

5．演示文稿主题选用与幻灯片背景设置。

6．演示文稿放映设计（动画设计、放映方式、切换效果）。

7．演示文稿的打包和打印。

六、因特网（Internet）的初步知识和应用

1．了解计算机网络的基本概念和因特网的基础知识，主要包括网络硬件和软件，TCP/ IP 协议的工作原理，以及网络应用中常见的概念，如域名、IP 地址、DNS 服务等。

2．能够熟练掌握浏览器、电子邮件的使用和操作。

考 试 方 式

上机考试，考试时长 90 分钟，满分 100 分。

1．题型及分值。

单项选择题（计算机基础知识和网络的基本知识）　20 分

Windows 操作系统的使用　10 分

Word 操作　25 分

Excel 操作　20 分

PowerPoint 操作　15 分

浏览器（IE）的简单使用和电子邮件收发　10 分

2．考试环境。

操作系统：中文版 Windows 7

考试环境：Microsoft Office 2010

附录B　参 考 答 案

习题一　信息技术与计算机

一、单项选择题

1～5．CCBCB　　6～10．ADADA　　11～15．DCBAC
16～20．ADAAB　　21～25．ACADA　　26～30．CDCBD
31～35．DADBC　　36～40．DCBBA　　41～45．ACBAB
46～50．BABCB　　51～55．CABCB　　56～60．CCADA
61～63．BCB

二、多项选择题

1．ABCD　　2．ABC　　3．AB　　4．ABCD
5．ABCD　　6．ABCD　　7．ABC　　8．ABCD
9．ABCD　　10．ACD　　11．BCD　　12．ABC

三、填空题

1．第一部　准则　法律
2．计算机　相关的和配套的设备、设施（含网络）
3．法律
4．信息
5．完整性　可靠性　保密性
6．正确　可靠的　不会　使用　修改　复制
7．一段程序　计算机系统
8．社会　技术
9．人为　干扰　非法程序
10．可以执行的　正常文件
11．口令密码
12．两份以上的　不同
13．已发现的病毒

四、简答题

略

习题二　计算机基础知识

一、单项选择题

1～5. BBABD　6～10. DBBBD　11～15. BAABD
16～20. CCBBA　21～25. DBACC　26～30. DACBB
31～35. DDDAA　36～40. CCADC　41～45. BBCAD
46～50. CCADD　51～55. ABACD　56～60. DDACA
61～65. DACAD　66～70. BDADB　71～75. ADBDD
76～80. ADAAA　81～85. ABCCC　86～90. BDBBA
91～95. CCDAA　96～100. AADDB　101～105. DCCBC
106～110. BDCBC　111～115. DCBBC　116～120. DCBAD
121～125. CBADA　126～130. DAAAB　131～135. CBBBB
136～140. ABCCC　141～145. AABCB　146～150. ACCCB
151～155. BCBCB　156～160. ADDBC　161～165. CDDCD
166～170. BACBB

二、多项选择题

1. ABC　2. ABCD　3. AC　4. ABC
5. ABC　6. ABC　7. BCD　8. BC
9. ABCD　10. ABD　11. ABC　12. ABC

三、填空题

1. 控制总线　地址总线
2. 地址
3. 指令译码
4. 机器
5. 程序
6. 系统软件　应用软件　系统软件　应用软件
7. 字节
8. 指令与数据
9. 存储程序控制
10. 中央处理器（或 CPU）和内存储器　外存、输入设备、输出设备
11. 输入设备
12. 主频
13. 无故障

14．寄存器

15．指令

16．分辨率

17．RAM（随机存取存储器）　ROM（只读存储器）

18．字节

19．外部（或辅助）

20．硬件系统　软件系统

21．ROM　RAM

22．字长　主频

23．只读　随机存取

24．应用软件　系统软件

25．Insert

26．稳定

27．翻译　执行

28．执行　最小单位

29．操作码　地址码　操作码　地址码

30．1MB

四、简答题

略

习题三　Windows 操作系统

一、单项选择题

1～5．BABAD　6～10．DCDBB　11～15．BBCCA

16～20．BCBAC　21～25．CDBDD　26～30．CBCAA

31～35．BCACB　36～40．CCDCD　41～45．ADDDA

46～50．BDBAA　51～55．DCCCB

二、多项选择题

1．ABC　2．AC　3．ABCD　4．ABCD

5．ABCD　6．ABCD　7．ABD　8．ABCD

9．ABCD　10．ABC　11．ABD　12．ABC

13．ABD　14．ABC　15．ABC

三、填空题

1．……（或省略号）　\

2．【Delete】键

3. 隐藏
4. 工具
5. 树
6. 还原
7. 画图
8. .txt
9.【Alt+Print Screen】
10. 控制面板
11.【Ctrl+Z】
12. 该命令项暂时不能使用　还有级联菜单
13. 在不同窗口、不同应用程序之间交换信息
14. 右
15.【Ctrl+X】　【Ctrl+C】　【Ctrl+V】
16. 桌面　图形
17.【Ctrl+Esc】
18. 任务栏
19. 控制面板
20. 活动窗口　一个　后台
21. 子文件夹　文件　树形
22. 编辑　撤消　回收站　文件　还原
23. 移动、复制或删除
24. 控制面板
25. 操作系统层　实用程序层　应用程序层
26. CPU 的控制与管理　内存的分配和管理　外部设备的控制和管理　文件的控制和管理　作业的控制和管理
27. 用户　计算机
28. 大小　标题栏　界面　选项卡
29. 文本框　列表框　单选按钮　复选框　选项卡　增量按钮
30. 快捷菜单　打开　提示
31. 相对固定　相关联　打开方式
32. 暂存　内存　剪贴板

四、简答题

略

习题四　文 档 处 理

一、单项选择题

1～5．CBDAB　6～10．ADABA　11～15．ABDDA
16～20．DDBBC　21～25．BBBBA　26～30．BBCCB
31～35．CABCC　36～40．ABDDD

二、多项选择题

1．ABC　2．BD　3．ABC　4．ABC
5．ABCD　6．BCD　7．AD　8．ABCD
9．ACD　10．ABD　11．ACD　12．ACD
13．ABC　14．ACD　15．ACD　16．ABD

三、填空题

1．缩进
2．.docx
3．文件　另存为
4．【Alt】
5．文本或段落
6．Office 2016
7．斜体
8．【Alt】　【Esc】
9．选择全文　【Ctrl+A】
10．排序
11．双击　黑体
12．替换　【Ctrl+H】
13．全部
14．左对齐
15．【Insert】
16．左对齐　右对齐　居中对齐　分散对齐　两端对齐

四、简答题

略

习题五 电子表格处理

一、单项选择题

1～5．CBBBB　6～10．ADCBC　11～15．BABDB
16～20．DBDAC　21～25．CABCA　26～30．BDBCA
31～35．ABBCA　36～40．BACCC　41～45．DCBCC

二、多项选择题

1．BCD　2．AB　3．ACD　4．ABCD
5．ABC　6．ACD　7．AC　8．ACD
9．BCD　10．ACD　11．BCD　12．ABD
13．BCD　14．ACD　15．ABC　16．ACD

三、填空题

1．1
2．编辑栏
3．名称框
4．打印预览
5．嵌入　独立
6．=A4+$B$3
7．排序
8．$B5+D4
9．筛选
10．=SUM(A1:A3)/3
11．【Ctrl】
12．Sheet 1
13．=SUM(A1:C4, 8)
14．.xlsx
15．=SUM(A3:B7, D3:E7)
16．左　右
17．=IF(A2>=80, "优良", IF(A2>=60, "中", "不及格"))
18．自动填充
19．=$B$2+B7

四、简答题

略

习题六　演示文稿制作

一、单项选择题

1～5．ACDBC　　6～10．CACDC　　11～15．ABDBB
16～20．CBBBB　　21～25．BBDAC　　26～30．BABDD
31～35．BACDD　　36～40．ADDBD

二、多项选择题

1．ACD　　2．AB　　3．BC　　4．ABD
5．BD　　6．AC　　7．CD　　8．ACD
9．ABCD　　10．ABC　　11．BCD　　12．ACD

三、填空题

1．“页眉和页脚”
2．演讲者放映　观众自行浏览　在展台浏览
3．能
4．幻灯片浏览视图
5．退出动画方案
6．幻灯片母版
7．普通视图　大纲视图　幻灯片浏览视图　备注页视图　阅读视图
8．隐藏幻灯片
9．动画刷
10．【Esc】

四、简答题

略

习题七　计算机网络

一、单项选择题

1～5．DCABB　　6～10．CABCA　　11～15．DDDBC
16～20．BCDAA　　21～25．DBCAA　　26～30．ADADD
31～35．DDABB　　36～40．BBCAB　　41～45．BACAD
46～50．CACBD　　51～55．DBDBA　　56～60．CAABC
61～65．DBDCC　　66～70．ABDDC　　71～75．CBBBA
76～80．DDDCC

二、多项选择题

1. ABCD	2. BC	3. ABCD	4. AB
5. AB	6. ABC	7. ABC	8. CD
9. ABD	10. ABD	11. BCD	12. ABC

三、填空题

1. 通信设备和线路
2. 计算机
3. 局域网　城域网　广域网
4. 无线技术
5. 协议
6. 应用管理和执行应用程序
7. 拓扑结构
8. 不足 10
9. 金桥、金关、金卡
10. 资源管理和提供服务
11. 服务器上
12. 同类网络
13. 文件传输协议
14. 资源子网
15. 传输控制协议
16. 超文本传送协议
17. World Wide Web
18. 网际协议
19. 4 段用点号隔开的十进制（0～255）数字
20. 主机名．网络名．机构名．一级域名

四、简答题

略

参考文献

吉燕，2020．全国计算机等级考试教程 MS Office 高级应用与设计[M]．北京：高等教育出版社．
李顺新，张葵，2021．大学计算机基础教程[M]．北京：电子工业出版社．
李欣，熊爱明，2020．计算机应用基础实验指导与习题集[M]．4 版．北京：科学出版社．
钱亮，方风波，董兵波，2021．信息技术基础实训与习题[M]．北京：中国铁道出版社．